悦 读 阅 美 · 生 活 更 美

**女性生活时尚阅读品牌**

☐ 宁静　☐ 丰富　☐ 独立　☐ 光彩照人　☐ 慢养育

李昀 著

升级版

# 围所欲围

漓江出版社

# AICI 国际形象顾问协会形象大师联手推荐

（按姓氏字母先后排序）

　　很荣幸能为我的同行昀老师写推荐短文，昀老师是一位充满正能量、觉察力与感染力的国际形象顾问。本着她的无限创意，加上在风格、色彩、比例与面料等形象管理专业领域的丰富知识，一定能帮助读者借由围巾美学创造个人的独特魅力。

伊娃·科克－艾利裴　Kva Köck-Eripek AICI CIM
奥地利资深形象专家
奥地利 Image Institut 创始人与导师
www.imageinstitut.com

　　我很高兴能为昀老师推荐她最新的一本著作，这是我所评鉴过最完整的一本围巾专书，身为国际形象顾问协会的大师级专家，我读过许多关于围巾的书，而本书揭密围巾的种种，包括历史与使用技巧等，以及每一位佩戴围巾的男士与女士经由围巾所传递的心情与沟通目的。

　　太棒了！昀老师！

卡拉·麦斯 Marla Mathis AICI CIM
美国资深形象专家
美国 Stylecore 创始人与导师
www.thestylecore.com

此书展现出对围巾在意义与价值上的敬意，证明了围巾有时甚至能成为主角。每翻开一页，都能感受到昀老师那高涨的热情与无止境的创造力。昀老师是中国著名的形象顾问，而我总能看到她将围巾搭得十分美妙。此书介绍了兼具中国传统与优雅现代设计的围巾，以及多样化的围巾使用方式，还有大量实用穿搭技巧。

从拿到此书的那天起，您也将围上全新的喜悦。

大森瞳 Hitomi K. Ohmori AICI CIM
日本资深形象专家
日本 Ohmori Method Academy 创始人与导师
www.ohmori-method.co.jp

佩戴围巾需要创意，昀老师恰巧在这方面有过人天分，并且在新书中慷慨分享。我很荣幸也很高兴预先欣赏了书中照片，见证她将围巾艺术发挥到一个新的高度。女性朋友在这本书中能找到很多佩戴围巾的新点子，也能巧手一挥，借由围巾将平凡无奇的服装变为展现自我的时尚造型。

这是一本值得珍藏与享受的读物。

克莉丝汀娜 · 翁 Christina Ong AICI CIM
新加坡资深形象专家
新加坡 Academy of Image Mastery 创始人与导师
www.academyimagemastery.com

# 我 的 "巾" 致 人 生

才刚搬家，整理衣物时，打开标注着围巾的四个大纸箱，小心翼翼将它们重新归位。不常用的装进高处大箱子里，常用的挂在衣橱内，最常用的就近放入五个大抽屉，随手即可取出。

多年来从未停止购入，出国必买，足迹遍布精品店、专卖店、美术馆与博物馆，国内实体店与网店也不乏支付记录，宝贝围巾们天天期盼着主人的青睐，并不时在盒子、衣橱与抽屉间迁移，有些从新渐渐到旧，有些根本没机会变旧，当进入高处盒子的那天，基本上已完成阶段性使命。

由此可知，即便是所谓达人，仍有升级空间。近年来升级方向有二，其一是在"人境合一"的新概念里，围巾找到了更广的空间，于是品类较从前更为丰富。尽管社交媒体对中国大妈风景照里的围巾秀嘲讽有加，但在我看来，围巾随风扬起的那一刻，姐姐妹妹们的心也跟着起舞，嘴角眼角里满满都是笑，围巾的确让人心花怒放。不论是在爱琴海、内蒙古草原或撒哈拉沙漠，还是在黑领结晚宴、英式下午茶或中式品茗会，人到哪里，围巾便飘到哪里，美丽与快乐也如影随形常伴左右。是的，人与境必须和谐，我们需要更多不同种类的围巾，才能一路美到海角天涯。

其二是心心念念的所谓中国设计与本土品牌终于有了眉目。两年前无意中发现这个小小的工作室——玖章吉，在北京798的巷弄内，名字很文艺，谐音词牌名九张机，且三个字都中国味十足。店主兼设计师葛洪明是中国美院平面设计硕士，醉心于现代中国风围巾设计，五年来兢兢业业，慢工出细活地一款接一款，积累了一定人气。不论是喜欢佩戴饰品追求时尚的人们，亦或是期待在佩饰中彰显文化与民族自豪感的人们，都会自然地被玖章吉吸引，成为支持与爱用者。在我的日常生活里，三天便有两天与玖章吉同框并乐在其中，于是本书中也大量使用这些作品来示范，目的在与朋友分享融合古今中西的设计之美。的确，内修与外练同样重要，我们需要更多具有文化气息的围巾，才能达到内外皆美的境界。

谈完升级，不免令部分尚未入门的朋友担心，要追问："基础呢？"本书的两大篇章——"认识围巾"与"了解自己"，便是一部全方位的使用手册，完整读毕后再也不用担心选错、买错或用错。

自此，围所欲围不是梦，"巾"益求精亦指日可待。

目录
C O N T E N T S

第一章
认识围巾
*13*

第 三 章

围巾的艺术

*85*

第
四
章

围巾选购与保养

*223*

# 认识围巾

　　较小的围巾统称丝巾 (scarf)，主要是围在颈间；较大的围巾称为披肩 (shawl)，主要是披在肩上。其实这两者并没有明确的尺寸标准，只是粗略在大小与功能上有所区分。本书中谈到的围巾，涵盖以上两类。基本上，所有用来装饰身体与服饰的布块或织物，我们都需要认识。

　　至今仍有许多人认为围巾主要是用来保暖的，假使真是如此，居住在热带的人就没有机会享用这美好配件了。其实围巾的装饰功能超强、面积大、色彩丰富，是当之无愧的配饰之王。

# 一、玩转围巾两大原则

## （一）不对称

早期使用围巾多半是对称式，蝴蝶结放在胸前正中间，披肩裹在肩上两侧一般长，以现代审美标准而言，这样的造型真的略嫌呆板。要知道围巾最重要的特质其实是浪漫，比如轻软薄透、飘逸灵动的春夏款丝巾，唯有不对称造型，才能充分展现它的浪漫特色。

五种方式能帮助围巾造型达到不对称效果：

### 1. 将结饰放在侧面

这是围巾造型的王道，所有结饰做好之后，一定要移到侧面。而当结饰作为装饰放在头部、颈部、胸部、腰部或臀部时，这个原则是不变的。

### 2. 两侧不等长

很多围巾造型都是两端垂下的，不论左右两侧垂下，还是前后两侧垂下，都要将垂下的两端调整为一长一短，才显得生动。

### *3.* 两侧形状不同

有些造型会有较对称的两侧，例如围裹式的披肩，或双 C 式长巾，将两侧调整成为不同的形状，就可以增加不对称感。

### *4.* 围巾花纹设计不对称

有时候需要做一个典雅又保守的对称造型，此时可以选择一条花纹不对称的围巾，在视觉上降低对称感。

### *5.* 围巾垂坠感越强越显得不对称

有些造型本身就是对称的，如放在胸前的高领式，或一些围巾做成的内搭，此时围巾面料的垂坠性，可以造成外轮廓的流动感，也能模糊对称感。

## （二）色彩整合

色彩整合通俗的说法是呼应，也就是色彩重复出现。这是在装扮上最重要的配色原则。通常只要身上服装或配饰的色彩做到整合，视线便能产生流动性，使得我们的装扮显得生动而富有艺术感。

色彩是围巾最重要的元素。作为一种配饰，围巾丰富的色彩与较大的面积，使得它的搭配功能凌驾在所有其他饰品之上。大家一定要好好利用围巾的色彩，替自己的装扮加分。至于围巾与服装之间的色彩如何整合，我给大家介绍以下四个方法。

### 1. 花围巾配素衣服

这是最常见的搭配方式，很多看似朴素的单色服装，只要有一条色彩合宜的花围巾上身，就立刻显得生气勃勃。何谓合宜的色彩呢？最重要的原则就是这条花围巾里面，必须要有和衣服相同的颜色。这是在选购围巾时，最重要的原则之一。千万不要被围巾的五彩缤纷所迷惑，要先想一想，这条围巾的色彩中，有没有和自己衣服相同的，如果这些色彩都是你不常用的，最好不要买，因为你还得特别为了这条围巾去添置相配的衣服，否则这条围巾将很难用得上。

### 2. 素围巾配花衣服

喜欢穿花衣服的朋友，可以采用这样的搭配方式。配色原则和第 1 条完全相同，素围巾必须与花衣服中的某个色彩相同，才能达到良好的整合效果。因此在选购素围巾时，一定要先想想，自己有没有这种色彩的花衣服。

3 | 4

### 3. 素围巾配素衣服

    个性较保守或在职场上必须传达专业感的人，经常会用到这样的素雅搭配方式。配色方式或和谐或对比，可以根据个人喜好与场合需求做选择，和谐配色低调柔和，对比配色则相对耀眼出众。但基于色彩整合原理，身上除了围巾之外，还必须有一两样与围巾同色的其他配饰，才能形成整合，让整体装扮更显出众。

### 4. 花围巾配花衣服

    这是较高难度的搭配方式，服装设计师向来喜欢这样特别的搭配，在很多高端 T 台的演出中屡见不鲜。花配花如果做得好，显得艺术又前卫，但万一做得不好，就有沦为东施的可能。这种令人又爱又怕的搭配，说穿了也没那么神秘，只要记住"花纹不同，色彩必须完全相同；色彩不同，花纹必须完全相同"就好了。当然在搭配上还有面积比例、花纹比重与线条等更细节的规则。建议大家从简单的双色双花纹入门，这样较为稳妥。例如，黑底白点的衣服，配上一条黑白条纹的围巾；或红白格子的衣服，配一条红白花纹的围巾——两种花纹的搭配使得整个造型呈现活泼感，非常讨喜。

# 二、玩转围巾的五大关键

## 由小到大

　　围巾搭配得好不好，第一个评判标准就是人看起来是否自在。小丝巾还好，戴在身上并不太惹眼，但大披肩就完全不同了，只要是身上披着披肩，走到哪里都很容易成为焦点。在此给出第一个建议，从较小的围巾入手，先培养对围巾的感觉，也训练对外界艳羡眼光的承受力，渐渐地由小而大，将围巾的风情万种自然且自在地展现出来。

## 由薄到厚

　　在学习使用围巾的初期，除了尺寸上的考虑，还要注意选择质地较薄、较软、较垂的围巾，因为软质围巾比较听话，打出来的结饰不会过大，且披在身上较为服帖。相反的，较厚、较硬、较挺的材质则比较不好操作，最好是等到对围巾有了一定掌控能力时再进阶到这个部分。

## 常做练习

　　平常比较没有机会使用的宴会大披肩，最好先在家做做练习，尤其是光滑的面料，会在身上溜来溜去，很难掌握。练习的正确方法是将礼服穿好，高跟鞋也穿上，全副武装，再披上披肩在家里走来走去，感受披肩的活动性，练习如何应对披肩的滑动。这样在真正登场时，才能展现最优雅自信的风姿。

## 侧重质感

在整体造型中，围巾会很自然地成为视觉焦点，建议大家尽量选择高品质的围巾，也许价格较高，但几乎没有过时的问题，如果保养得当，一条围巾用上一辈子也不会损毁，核算下来，单次使用价格就大幅下降。因此在预算有限的情况下，宁可将服装预算降低，也不能压缩围巾的预算。一身普通服装在高档围巾的衬托下，可以立即加分；相反，一身考究的服装却会因围巾质感不佳而被拉低档次。

## 服装简单

现代主流的国际服装审美观，整体走向简洁素雅，围巾本就是添加在身上的饰品，因此服装应该是越简单越好。服装本身装饰越少，就越能表现出围巾的效果。如果服装本身已经充满装饰，如绣花、珠宝亮片、蕾丝花边，甚至太多的缀边与扣子，就会挤占围巾的表现空间。因此，使用围巾时，一定要尽量选择简洁大方的服装与之搭配，才能让你看起来高雅出众。

# 三、围巾的面料

为了方便大家的选择和使用，在此将围巾面料按照薄厚来分类。薄款以丝质为主，其他如人造纤维中涤纶，其手感以仿丝居多，通常也多被制作成薄款围巾，再生纤维中的人造丝viscose、人造棉 rayon 与莫代尔 modal 等，也多被制成较薄且垂坠的款式。厚款以毛质为主，另外，如人造纤维中的腈纶，其手感以仿毛居多，也多被制作成厚款围巾。棉麻面料的厚度介于丝、毛之间，薄厚适中。当然还有许多混纺面料，它们撷取多种材质的优点，可以被制成各式各样薄厚不同的美丽围巾。

## （一）薄款丝巾面料

蚕丝是丝巾最主要的面料，中国盛产蚕丝，养蚕取丝的技术也已经有了几千年的历史。自古以来，人们就相信真丝有益健康，而根据现代科学的研究，真丝纤维中含有人体所必需的十八种氨基酸，与人体皮肤十分接近，有人类"第二皮肤"的称号。而除了保健因素之外，蚕丝最让人心动的还是它的光滑柔软，穿上它美丽又舒适，这一点是其他任何面料所不能及的。

真丝由于纺织方法的不同，外表呈现各式各样的特色，让人很难辨认，有些光滑，有些纹理明显，有的是亮面，有的却呈雾面，单单是认识这些各种不同的丝织品就够费力的，更别提还要辨认真伪。每一种真丝面料都有各自的优缺点，很难说哪一种更好哪一种较次。各种名称的面料又有厚薄之分，越厚的越贵，但每一种不同款式的丝巾，自有它最适合的厚度，并非越厚就一定越好。

以下将真丝面料作简单分类，并一一介绍。

素绉缎

表面相当光滑，光泽明显，垂度佳，被广泛采用，做成各种形状与大小的丝巾，从小方巾到大长巾都有。虽不是什么特别高端的面料，但具备方便造型的特性，非常实用。

斜纹绸

比较高级且厚实的面料，近看可以明显看见45度的斜纹纹理，这种织法比较结实，不容易勾纱，表面呈哑光，花纹细腻，较薄的垂度尚佳，可以做各种造型，越厚垂度越差，做造型时较受限制。

## 乔其缎

手感绵软，比较轻，正面看起来和素绉缎颇为相似，但光泽略降一级，背面微皱，有点乔其纱的感觉，但并不透明，有乔其和缎的双重特性，因此名为乔其缎。

## 双绉缎

一种细密结实的面料，表面呈均匀的褶皱，组织稳定，相当牢固，较不容易勾纱。经高温定型，抗皱性佳。光泽自然柔和，不像素绉缎那么亮，但印染饱和度很高，色泽鲜艳，两面看起来非常相似，做出来的丝巾几乎分不出正反面。

## 电力纺

面料薄，密实平整又光滑，因密度较高，虽然轻薄但不透明，不容易勾纱，也不太缩水，这种面料很普遍，最大特色是很轻，因此没什么垂感，略有光泽，常被做成超大型披肩，适合夏季使用，价格通常较低。

### 乔其纱

最常见的半透明纱质面料，近看表面有一点皱缩，不十分光滑。松软轻薄且有一定垂度，可以做许多浪漫造型，是非常普遍且很受欢迎的丝巾面料。

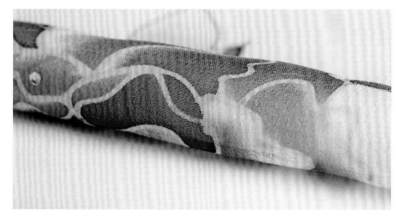

### 欧艮纱

蓬松的半透明纱，不算是太普遍，因为大多数人不太会用这种丝巾造型。这种面料的丝巾由于蓬松易营造出隆重感，很适合在宴会使用。

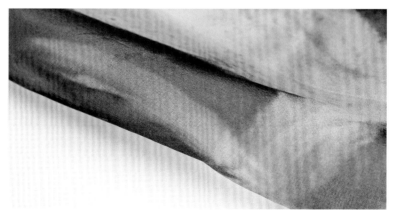

### 雪纺纱

光滑的半透明纱，近看仍是很平滑。与乔其纱很类似，很多人都分不清楚，差别在它的丝线没有经过捻的步骤，表面没有乔其的那种皱缩感，更加光滑。由于面料比较娇贵，这类丝巾在使用时须小心。

有明显纹理

### 西丽纱

可以明显地看出格纹，格纹较为稀疏，近看经纬很清楚，很多人抱怨这一点也不像丝，反而有点像麻，这是真丝里面手感较粗的，印出来的花纹也无法太细腻，但它的小小粗犷，却另有一番风味，很适合搭配棉麻等天然面料的服装，近年来这种面料在欧洲颇受欢迎。

## 顺纾乔

表面有一道道很细密的直向波纹，顺着波纹有点皱缩起来，感觉上富有弹性，轻薄飘逸，有些许透明，光泽柔和，水洗晒干后会紧缩，但可以用蒸气熏蒸，让波纹散开，如果喜欢蓬一点，最好干洗。这种面料最好的特性是不怕皱，因为它本身就是皱的。

## 人字缎

细看表面有人字形纹理，由于织物较为紧密，看起来质感优良，是高档丝巾常用的面料。

### 缎条绡

也算是常见的丝巾面料，细看表面有两种不同面料形成的条纹相间，一条发亮不透明（缎），一条不发亮半透明（绡），两种织法相间，表现面料的多样性。手感很柔软光滑，垂度还算不错，但也有些面料绡的部分比较硬挺，整条丝巾会显得较蓬松。

### 烂花绡

全面有散置的暗花纹，花纹可以是各种不同设计，类似上面的缎条绡，也是两种不同质感相间。面料本身的变化，加强了丝巾的华丽感，但这类丝巾不算是主流款，偶尔可见。

## （二）厚款毛制围巾面料

毛制品由于保暖的特性，一直是大型披肩与厚围巾的主要材质，其中羊毛制品占有很高的比例。以下为取材自不同动物的各种毛制品：

### 羊毛 Wool

取材自绵羊的毛，是最普遍的一种毛制品。它的特性是保暖舒适，不容易起静电，羊毛制的围巾产品有两大类，一类是先制成毛线，再以毛线织成围巾，另一类是纺织成羊毛面料，再做成围巾或大披肩。

### 羊绒 Cashmere

Cashmere 这个词来自印度的地名克什米尔（Kashmir），最早指的是该地所产的山羊绒，这里的羊毛工匠有着世界一流的手艺，能纺出最细的羊绒。

山羊身上有两层毛，底层是柔软细致的绒毛，外层是粗硬的被毛。羊绒便是底层的绒毛，质地柔软、轻盈，因着它高雅的光泽感和独特的滑爽感，被人们称为"纤维中的宝石"。比起绵羊身上大量的羊毛，羊绒产量稀少，价格自然是高出不少。

### 细羊绒 Pashmina

Pashmina 是波斯文羊毛的意思，层级比山羊绒更高，也更轻柔保暖。它取材自喜马拉雅山上的高山山羊，也是只取用底层的绒毛，产量更为稀少，而海拔越高，山羊的绒毛越细，保暖性与光泽度又更上层楼，因此这种围巾价格又更高。

近年来这个词有点被滥用，很多便宜的披肩都擅自贴上 Pashmina 的标签，这些披肩多半是化学纤维制品，保暖性很差，只不过为了赶时髦，剽窃了这个名称，但由于价格过于低廉，应该不致有人上当。

### 藏羚羊绒 Shatoosh

Shatoosh 在波斯文里的字义是国王的乐趣，可以想见它有多高级。它出自西藏高原上的羚羊，手感极细极滑，制成的大披肩可以从一个戒指中穿过，因此又被称为指环披肩。

由于藏羚羊绒非常细，也非常短，纺织工艺难度极高，只有极少数的高手有能力处理这样的材质。取材稀少加上工艺精细，使得它的价格更是高不可攀。由于藏羚羊日渐稀少，这类产品在我国和其他一些国家被禁止贩售。

### 羊驼绒 Alpaca

羊驼绒也是一种非常高级的面料。羊驼生长在南美的安第斯山，羊驼毛还能有效地抵御日光辐射。它的纤维极细且几乎没有针毛，不像大多数其他动物纤维贴身穿着时有刺痛感，可与羊毛或其他精纺纱线混纺，而且有着较好的绝缘性和保热性能。不仅如此，羊驼毛制品还因其具有丝绸般的光泽，受到很多高端消费者的青睐。

### 牦牛绒 Yak cashmere

这是一种特殊材质——传统西藏的家庭自制纺织品，但现在通过几位年轻人的努力，藏族同胞蓄养的家畜有了新的商业价值。一个名为SHOKAY 的品牌，与两百多户藏族同胞合作，收购牦牛身上的珍贵牛绒，制成了牦牛绒围巾与披肩。牦牛绒的分子结构为波浪镶嵌型，造就了光滑不刺痒皮肤的特性，同时也拥有极佳的保暖性。唯一的缺点是比较重，一条厚的牦牛绒编织大围巾，重量相当可观。

## （三）其他材质围巾

**棉质**

棉质围巾一向不是主流的围巾面料，用棉质面料制成的围巾，多半是较为休闲的款式，有些是用一般的棉布印染后制成披肩，也有的是用类似 T 恤布料的棉织品做成更休闲的围巾。这类休闲围巾近年来设计越来越大胆，采用很多异材质拼接，五彩斑斓，一条上身，浓浓的混搭感立即呈现，很受年轻人喜爱。

**麻质**

麻质也属于较少使用的围巾材质，麻制品的优点是凉爽透气，缺点是亲肤性较差，有点瘙痒感，又容易起皱。但它能呈现一种特别的自然气息，尤其受欧洲人青睐，他们不认为麻料的皱纹不美观，反而觉得这种皱显得随兴又质朴。麻质围巾或披肩大多是夏季配件，也有少数适合春秋使用。

**再生纤维（或称黏纤）**

姑且不去仔细探讨这类纤维的制造过程，但可以记住的是，这些都是取材自天然植物，再经过化学方式处理后而产生的纤维。其中人造棉或称嫘萦与人造丝这两大类是最老牌且使用最广的再生纤维，特性是滑软舒适，且垂坠性极佳。新一代的再生纤维包括莫代尔、天丝（tencel）与来赛尔（lyocell）大家比较熟悉，都是很舒适的面料。这类纤维制成的围巾都有细软垂坠的感觉，很适合做各种变化造型。

### 化学纤维

虽然化学纤维并非很好的围巾面料，但由于使用广泛，大家仍有必要了解。各种化纤中使用最多的是涤纶，涤纶可以纺成各种仿真丝的面料，如涤纶雪纺很轻很薄很软，常被制成长形丝巾，但缺点是过轻，垂感不佳。涤纶色丁很像真丝缎，光泽很好，常被制成大小不一的方巾，但缺点是有点僵硬，很难形成漂亮的垂坠线条。

此外腈纶常被制成仿毛的毛线，再织成围巾，或直接纺成仿毛料，制成大披肩，缺点就是虽然有点毛的手感，但保暖性不佳。

也见过少数质感不错的涤纶，制成长丝巾或大方丝巾，设计美观且做工精细，重要的是垂坠感还大致保留了，当然最大的优点就是不会皱，在旅行时携带与使用都很方便。

此外，还有一些涤纶制成的大长方形纱笼巾，由于可以在沙滩上使用，不用担心天然材质遇水的问题，反而成为很大的优势。

### 混纺

混纺本来不应自成一个类别，但现代高科技的纺织技术，使得混纺织品在服饰面料中所占比例越来越高。混纺的目的就是为了撷取各种不同纤维的优点，比如：希望垂度增加，就加入再生纤维；希望更有弹性，就加入弹性纤维；想提高光泽度，就加入丝；想更加闪闪发亮，就加入金属纤维；想增加保暖度，就加入毛；想增加雾面质感与手感，就加入麻；想保有不缩不皱特质，就加入化学纤维；想提高透气性，可以加入竹纤维等。

混纺纤维在欧美地区非常流行，标示连百分比都写得很清楚，让人买得很放心。现在的围巾也有很多都是混纺面料，购买的时候不妨多多留意标签，趁机对面料做更全面的了解。

### 皮草

皮草当然是冬季围巾不可或缺的重要材质，但近年来环保人士对此大加挞伐，也或多或少影响了皮草制造业的成长。整件以皮草制成的围脖或披肩，在使用上没有太多技巧性，一则是皮草很厚，二则是皮草本身光泽华丽，因此只要按照正规方式围裹即可。此外由于混搭风的盛行，皮草也成为异材质混合设计中的一员，出现在各种有趣的变化款中，让很多年轻人也有机会提早接触皮草。

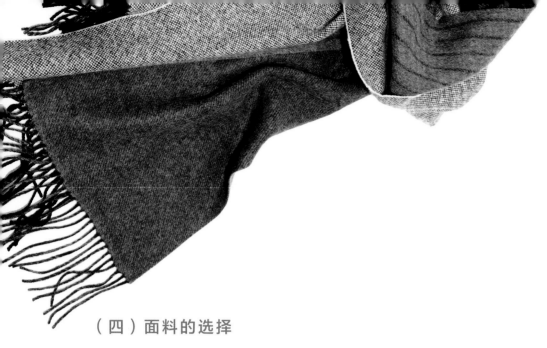

### （四）面料的选择

关于围巾材质的介绍，大家多少要有一些认识。但对于消费者而言，除了明白自己花钱究竟是买了什么样的材料外，可能更需要了解这些围巾面料的特性。

#### 1. 厚与薄

厚薄当然与保暖度有关，居住在热带的人，大体而言，不太需要很保暖的围巾，因此以丝制品为主，休闲时可选择棉麻类，正式宴会场合使用轻薄通透的丝毛混纺或特别薄的羊绒披肩即可。反之，居住在寒带的人，围巾的保暖性最重要，需要拥有很多又轻又暖的毛质围巾与大披肩，在漫长的冬季，可以借由围巾经常变换造型。

#### 2. 软与硬

围巾的面料软硬决定了使用效果，建议初学者，先购买软质围巾，尤其是垂坠感好的围巾，这样的围巾使用起来较为服帖，系出来的结饰也比较漂亮且容易掌控。至于硬质围巾或披肩，懂得用的话，其实可以制造出很特别的效果，比较适合对围巾较内行的老手，但对初学者而言，难度相对较高。

### 3. 透明否

薄的丝质围巾面料，有些是半透明的，有些则是不透明的。在选择丝巾的透明度上也有讲究，如果打算将围巾作为外套的内搭使用，也就是直接当作一件衣服来穿，就必须选择不透明的面料；而半透明的面料适合营造浪漫气息，但只能作为搭在服装外面的装饰。

### 4. 发亮否

围巾的发亮程度会让造型呈现很大差异，必须考虑场合需求。国际服装礼仪中规范得很清楚，闪亮服饰只适合夜间社交场合，在日间活动中并不合宜。因此在购买围巾时，要先想好，这条围巾使用的场合是在白天还是晚上。职业女性需要准备一些不发亮的丝巾与披肩，便于在工作场合中使用。有较多夜间社交需求的人，可以多准备一些发亮的华丽款式，出席晚宴时就能派上用场。

# 四、围巾的花纹

## （一）花纹的种类

围巾大多是有花纹的，素面算是少数，而制成花纹的方式很多，有编的、织的、印的、染的、手绘的、刺绣的。各种制作手法与工艺，使得围巾呈现多彩多姿的面貌。

围巾的花纹多半是单面。但有些工艺较好的制作，会让围巾正反两面差异不大，反面色泽也很鲜明，这样的围巾在使用时比较方便，不需特别考虑正反面。

有些围巾的花纹是织上去的，正反面有明显不同的色彩与纹饰，这类设计精良的围巾，在使用时可以任意选择其中一面，因此感觉上好像拥有两条围巾，十分划算。

还有少数厚款围巾是真的做了两面花纹设计，通常两面花纹完全不同，而且设计上多为一面偏向直线形花纹，另一面偏向曲线形花纹，或者一面花纹较大或较疏，另一面花纹较小或较密。总之两面花纹差异必须够大，但色彩必须统一，这样就形成了很特殊的双花设计。双花纹围巾本身就是饶富趣味的配件，可以在身上呈现两种不同花纹，让装扮变得更具艺术性。

此外，近年还很流行一种渐变设计，即单一色深浅渐变或是双色渐变，明明是素面，但却仍能呈现一种变化感，难怪大受欢迎。

## （二）花纹的选择

　　围巾的花纹，正是围巾最迷人的特色。早期形象顾问喜欢从人的外貌特征来分析服装花纹的使用是否得当。人的五官线条决定了花纹的线条，五官大小决定了花纹的大小，身体曲线特性也关系着花纹的直曲，体形大小也与花纹尺寸有关。总而言之，在那个特殊时期，人被细细地剖析着，所有服饰必须与身体外表相互呼应，才能达到最佳效果。

　　但实际上很多人对这种分析方法越来越质疑，因为人对花纹的好恶似乎更多来自个性，也就是不同个性的人喜欢不同的花纹，与长相或体形没有太大相关性，如果过度强调外表对装扮的决定性，不免会造成内外的不协调，使得某些人感到不自在或受限制。

　　个性与花纹之间存在某些公认的相关性，例如个性张扬的人喜欢大型花纹，个性内向的人喜欢小型花纹；个性倾向女性化的人偏爱花朵或圆点等曲线形花纹，个性倾向中性化的人偏爱格子条纹等直线形花纹；个性沉稳的人比较喜欢典雅的花纹，个性活泼的人比较喜欢可爱的花纹等。

　　此外对花纹的喜好也有一部分来自环境与文化，甚至是没有理由的，就像是对色彩的喜好一样，不需要理由，喜欢就是喜欢。因此我们将大部分的花纹选择权留给每一个人，由自己去选择你所喜欢的花纹。

　　但在此却不得不将花纹给人的印象做一个说明，在意自身形象的人，出席重要场合时，都需要详细规划个人的服装仪容，此时必须了解花纹所传递的印象，才能把握每一个机会，将所需传达的信息充分表现出来。

## （三）花纹传递的信息

· 素面：高雅端庄

· 条纹：中性大方

· 格子：休闲随性

· 圆点：优雅温柔

· 几何图形：现代阳刚

· 花朵（大）：华丽夸张

· 花朵（中）：温柔淑女

· 花朵（小）：稚气柔美

· 兽纹（虎豹）：性感狂野

　　　（斑马长颈鹿）：自然野性

　　　（奶牛）：可爱憨厚

　　　（蛇纹）：野性神秘

· 千鸟格：经典端庄

· 草履虫：优雅大方

· 卡通：可爱童趣

· 艺术品（水墨）：东方艺术气质

　　　（油画）：西方艺术气质

· 双花纹：创意变化

了
解
自
己

　　在对围巾有全面的认识之后，大家需要更好地认识自我，唯有充分且全面地了解自己，才能做出最佳选择，让每一条围巾都能与个人及服装一起完成最完美的演出。

　　色彩、风格、身材、场合这四大要素，与我们选择围巾有着密不可分的关系。建议大家逐一详读，并做自我测试，以后就再也不用担心买错围巾了。通常做过测试，便能明白衣柜里的围巾为什么有些并不合用，如果还是新的，转送给适合的朋友是个不错的选择。

# 一、个人色彩与围巾

## （一）围巾色彩选择策略

选择围巾色彩大致有三种方式：

### 1. 根据自己的喜好

几乎没有什么理性可言，只要我喜欢，有什么不可以。而且事实上人们穿上自己喜欢的色彩，心情愉悦且自信增强，想不美都不行。这也就是为什么一直都有人反对色彩顾问对人们指指点点，支持个人对色彩的自主权。

### 2. 为个人做出最佳表达

男性服装中的领带、衬衫与西装形成所谓的V区，利用选色与配色造成的效果，在人际沟通中往往会产生关键性作用。在女性装扮中，围巾的重要性与领带相仿，都在视线的焦点部位，因此在选择围巾时，如能先对色彩形成的沟通效果做一番研究，便能利用围巾的辅助，达到最佳沟通目的。

### 3. 根据个人生理与心理特征

根据外形与个性组成的个人气质，选择与自己相得益彰的色彩，这一点即是形象顾问多年来研究的主要课题，后面将会用一个单独的小节（个人风格与围巾）来详细说明。

围巾通常放在上半身，尤其是接近脸部的位置，因此在选购时，最好是选择能衬托自己肤色的色彩。以下将介绍实用色彩分类学的基础知识，让大家了解色彩的基本分类，以及一套东方人适用的个人色彩诊断方法。

#### 色彩所表达的"语言"

下列色彩所表达的意涵，是基于多年形象咨询的经验和对色彩心理学的研究得出的结论，在此与大家分享。

**红色** "注意看我，我充满活力但有点情绪化。"

**粉红色** "我热衷于爱人、被爱，同时也关怀别人。"

**酒红色** "我想要玩耍，找点乐子去吧！"

**橘色** "我擅长组织，同时也目标明确。"

**粉橘色** "我亲切又富同情心，让我加入吧！"

**黄色** "我们来沟通，我最喜欢分享。"

薄荷绿　"我实际又冷静，喜欢和谐的生活节奏。"

苹果绿　"我喜欢挑战，与众不同是我的座右铭。"

绿色　"把你的不快和需求说出来，我想帮助你。"

蓝绿色　"我最乐观，对人充满信心。"

浅蓝色　"看看我是多么有创意又有分析能力。"

深蓝色　"我最喜欢当家做主、发号施令。"

豆沙红　"我的直觉性很强，但需要经常被鼓励与肯定。"

**紫色** "我喜欢表达自己的感觉，更喜欢别人觉得我很棒。"

**咖啡色** "我双手万能，勤奋又热爱工作。"

**黑色** "别告诉我该怎么做，我才是最内行。"

**白色** "喜欢做我自己，即使在人群中也需要属于自己的空间。"

**灰色** "我听见你的话了，但我不想介入。"

**银色** "我是个需要对自己感到满意的浪漫主义者。"

**金色** "我想要得到一切，站在世界的顶端，傲视群伦。"

## （二）实用色彩分类

为了让大家能更容易了解接下来的系统化色彩分析，在此先将最基本的色彩分类简要说明。

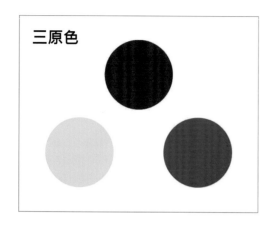

### 三原色

所谓的三原色，是指是黄色、红色与蓝色，有了这三个颜色，其他的所有颜色都可以调配出来。

在一般人的感觉中，不同的色彩似乎有着不同温度，这种温度的感觉多半来自色彩与物体之间的联想。黄色使人联想到太阳、火焰或是钨丝灯等，这些都是会发热的；相反的，蓝色的联想多半是清凉的海洋与天空。因此黄色被称为暖色，蓝色被称为冷色，而红色称为中间色。

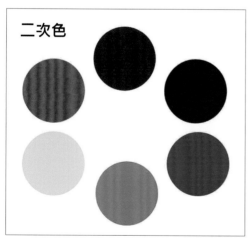

### 二次色

当三原色两两相加，会产生三个新的色彩，红加黄等于橘色，红加蓝等于紫色，黄加蓝等于绿色。这三个新色彩：橘色、紫色与绿色，称为二次色，因为它们都包含了两个原色。

在分类上，橘色与黄色是同一边，都称为暖色，紫色与蓝色是同一边，都称为冷色，而绿色与红色都在中间，称为中间色。

# 暖色　　冷色

## 暖色系与冷色系

当我们将三原色以各种不同比例调配，会产生无数色彩，在此将这些色彩按着彩虹的顺序弯成一个圈圈，并将其他类似色也放置在附近，刚才的三原色及二次色都仍在先前的位置上，左边的这些色彩都包含黄色，称为暖色系，右边的色彩都包含蓝色，称为冷色系。

红色与绿色比较特别，正红正绿称为中间色。偏黄的红，如橘红、砖红以及所有带咖啡色的红，都属于暖色；偏蓝的红，如粉红、玫红、紫红与酒红，都属于冷色。绿色则视其中黄与蓝的多寡来决定，黄色较多的苹果绿、橄榄绿与草绿属于暖色，蓝色较多的湖绿、墨绿与薄荷绿属于冷色。

## （三）个人色彩快速分析：冷 or 暖

在了解色彩分类后，即将进入色彩分析的国度，首先提供一个简易版的个人测试，可以依照下列问卷作答，判断自己是属于冷色系还是暖色系。

外貌检视

（ ）1. 我的皮肤有点 ① 偏黄 ② 不太黄（微青，粉红，非常白皙）

（ ）2. 我的皮肤晒黑后变成 ① 古铜色（健康肤色）② 灰色（看起来脏脏的）

（ ）3. 我的头发是 ① 带点咖啡色 ② 接近纯黑

（ ）4. 我的眉毛是 ① 带点咖啡色 ② 比较近黑色

（ ）5. 我的眼珠是 ① 看得出咖啡色 ② 非常深接近黑色

用色经验

（ ）1. 我搽上 ① 橘色系 ② 粉色系口红比较好看

（ ）2. 我穿上 ① 乳白色 ② 纯白的上衣比较好看

（ ）3. 我戴上 ① 金色 ② 银色的项链耳环比较出色

（ ）4. 我穿上 ① 橘色 ② 紫色的套头毛衣比较好看

（ ）5. 我穿上 ① 咖啡色 ② 宝蓝色的衬衫气色比较好

以上答案中如以 ① 居多，是属于暖色系，如以 ② 居多则是属于冷色系。

但如果答案几乎是各半，则需要用实物检测法，可以找几位好朋友一起帮忙鉴定，方法有二。一是用口红来测试，擦橘色口红较好看的人属于暖色系，擦粉红色口红较好看的人是冷色系；二是用白 T 恤来检测，找两件 T 恤，一件纯白一件乳白，分别穿上，穿纯白好看的人是冷色系，穿乳白好看的人是暖色系。

# （四）个人色彩经典分析：快捷四型色彩分析

不能满足于简易测色，想要追求更高装扮境界的人，不妨耐心学会完整版的快捷四型色彩分析。

### 1. 第一步：冷 or 暖

每个人都有先天的外在条件，色彩上可分为冷暖两大类，特征如下：

| | 暖色的人 | 冷色的人 |
|---|---|---|
| 肤色 | 偏黄 | 纯白，粉红，偏青 |
| 发色 | 带咖啡色 | 接近纯黑 |
| 五官 | 眉色与眼珠都带咖啡色 | 眉较黑，眼珠较深 |

如肤色与发色呈现矛盾现象，以肤色为准。

### 2. 第二步：强对比 or 弱对比

接下来根据个人不同的内在、外在特质，又可分为强对比与弱对比两大类：

| | 强对比的人（简称鲜艳） | 弱对比的人（简称柔和） |
|---|---|---|
| 外在 | 五官较大或鲜明 | 五官较小或柔和 |
| | 发肤深浅高对比 | 发肤深浅低对比 |
| 内在 | 个性较强 | 个性温和 |
| | 活泼外向张扬 | 保守内向低调 |

如果内在特质与外在特质相反，推荐以内在特质为准。

顺便一提，专业形象顾问在做色彩分析时，多半使用色布放置在顾客颈下胸前的位置，不同色彩反射到脸部立即呈现截然不同的效果，穿对颜色时，肤质显然较佳，气色也明亮健康，反之则会暴露皮肤的各种缺点，气色也相对晦暗。

经过这样两个步骤的分析，可将所有的人分成四种不同的类型，每一类型各有特色。

快捷四型色彩分类法

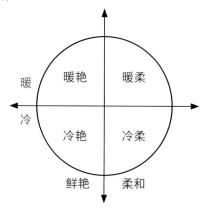

四型色彩特征

|  | 气质特征 | 比拟花朵（女性） |
| --- | --- | --- |
| 暖柔型 | 清新可人 | 百合花 |
| 暖艳型 | 妩媚动人 | 向日葵 |
| 冷柔型 | 优雅迷人 | 郁金香 |
| 冷艳型 | 明艳照人 | 牡丹花 |

## （五）四型色彩适合用色

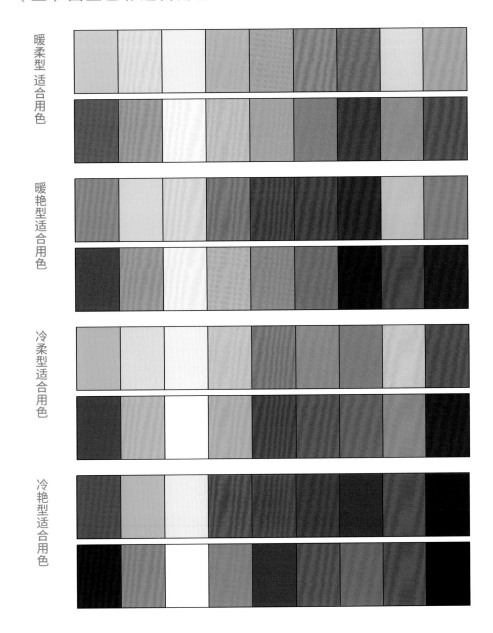

暖柔型 适合用色

暖艳型适合用色

冷柔型适合用色

冷艳型适合用色

## （六）快捷四型测色工具：彩虹测色丝巾

为了便于检测出个人色系，我特别设计了一款彩虹测色丝巾，可以在镜子前面转动丝巾的四个方向，也可以与三五好友一起互相观察，既实用又有趣。

彩虹测色丝巾的四个面分别为暖艳、暖柔、冷艳、冷柔，先用暖艳与冷艳找出自己适合冷色系还是暖色系，待确定色系后，再用同色系的艳与柔两面再做第二步测试，便能找出自己的最佳色彩类型。

上图是彩虹测色丝巾的四面结构，分别属于四种色系。

以上为第一步测试，左边的暖艳比右边的冷艳让李昀显得脸部气色更好，因此判断李昀是暖色系。

以上为第二步测试，将左边的暖艳与右边暖柔比较，发现还是暖艳更能使人五官显得立体且鲜明，因此判断李昀是暖艳型。

　　根据测试丝巾独特的四面结构，按照范例提供的两个步骤就能 DIY 了。建议在购买丝巾或服装前，一定要先找出自己的色系，才能确保穿出好气色。

# （七）超实用的围巾配色小秘诀

### 1. 简单变色，围巾随心配

最后仍然要提到色彩分析的新趋势，也就是个人变色计划。十几年前，基于人们色彩选择的需求，我为这些喜爱变化的人群推出了一套变色计划。在染发与化妆的协助下，每个人都可以任意改变自己的色系，其中尤以发色影响最大。因此在这里给一些不愿受限的朋友提出最简单的变色建议，让我们的围巾色彩范围大大扩充。

简易变色计划：

冷色变暖色：

- 将头发染成带咖啡色的色彩（如褐色、橘色、栗色）
- 擦上暖红的口红（橘红与砖红）与腮红（粉橘）

暖色变冷色：

- 将头发染成黑色或带红的色彩（如酒红、葡萄紫、褐红、蓝黑）
- 擦上冷红的口红（紫红与玫红）与腮红（粉红）

### 2. 衣服选错色，围巾来补救

围巾还有一项功能，就是对一些不属于自己正确色系的服装，做出挽救。举例来说，暖色系的人如果有一件紫色上衣，只要是这件紫上衣款式简单，没有过多装饰，便可以找一条上面带有紫色但大面积仍属暖色的围巾，将这条围巾系在胸前，一方面可以衬托更好的气色，还可以整合身上衣服的色彩，这就是围巾的另一个妙用。

### 3. 花色围巾，找准红色

围巾通常都是五彩缤纷，在选择时，除了考虑适合自己的色系，并选择与既有服装相同的色彩，还有一个重要考虑，就是围巾花纹中如果有红色，最好是自己最佳色系中的红，因为围巾系放的位置多半在颈下或胸部，可与面部形成呼应，衬托出好气色。为了达到更好的色彩整合效果，建议口红的颜色最好与围巾中的红色相同。

### 4. 三大准则，选好你的最佳款

①有相同色彩的衣服　②与自己的最佳色系相符
③围巾中的红是自己适合的口红颜色

### 5. 你的中性色 = 你的基本款、百搭款

一些质感好的围巾或大披肩，通常价格不菲，很多人都希望选择一条百搭实用款，建议先选择一条最适合自己的中性色，以后再慢慢添购。何谓最适合自己的中性色呢？请参考以下说明：

黑色：黑头发，五官清晰，喜欢穿黑，怕脏，常用黑鞋黑包

灰色：发色较浅，五官较柔和，较喜欢浅色

米色与咖啡色：头发呈棕色（先天或后天），喜欢穿大地色，常用咖啡色鞋包

白色：喜欢白色且很细心、不怕麻烦

# 二、 个人风格与围巾

穿着风格是人内在特质的外显形式之一，什么样个性的人自然会穿什么样的服装，很难勉强。由于现代女性内在的多样性，形成了装扮风格的多元化，因此在服装市场上可以见到形形色色、风格迥异的各式服装配件。围巾作为一种重要配件，当然也和服装一样，有所谓的风格差异，女性们在选择围巾之前，必须先了解自己的装扮风格，才不会买错。

## （一）风格诊断

以下提供两种工具，建议先找出自己的装扮风格。不同风格的女性对于围巾的使用习惯与喜好也有很大的差异，大家一定要先做一番了解。

四型风格问卷

下列三个区块分别针对个性、职业与场合，请以个性为主，职业与场合仅供参考之用。

●下列何者最能形容你的个性与人格特质，请选出最接近的第一与第二位。

| A | B | C | D |
|---|---|---|---|
| 讲究 | 亲切 | 自然 | 时髦 |
| 要求完美 | 单纯 | 朴素 | 自信 |
| 严谨 | 体贴 | 敏捷 | 特立独行 |
| 稳重 | 温柔 | 活力充沛 | 有创意 |
| 可靠 | 和善 | 不拘小节 | 重视美感 |
| 理性 | 感性 | 爱好运动 | 富艺术性 |

●你的职业与工作性质是什么？以下四种请选出一种。

| A | B | C | D |
|---|---|---|---|
| 主管阶级 | 教育 | 工程制造 | 艺术 |
| 公众人物 | 社会工作 | 摄影 | 创意 |
| 发言人 | 心理咨询 | 学生 | 广告 |
| 演讲人 | 营养保健 | 体育界 | 表演 |
| 法律 | 接待人员 | 休闲旅游 | 形象顾问 |
| 金融 | 医护人员 | 技术人员 | 发型美容 |
| 政治 | | 零售业 | |
| 顾问 | | | |

●你经常参与哪一种活动？以下四种请选出一种。

| A | B | C | D |
|---|---|---|---|
| 正式餐会 | 亲子活动面试 | 运动 | 艺术欣赏 |
| 开幕典礼 | 家庭聚会活动 | 园艺 | 晚宴 |
| 电视采访 | 同学会 | 旅游调查 | 服装秀 |
| 婚礼 | 调查访问 | 志愿工作访问 | 展览会 |
| 文化活动 | 慈善活动 | 户外活动 | 舞会 |
| 商业活动 | 宗教活动 | | 时尚社交 |
| 政治法律活动 | 私人社交 | | |
| 面试 | | | |

分析结果

A. 经典型　Classic

B. 柔和型　Soft

C. 自然型　Natural

D. 个性型　Characteristics

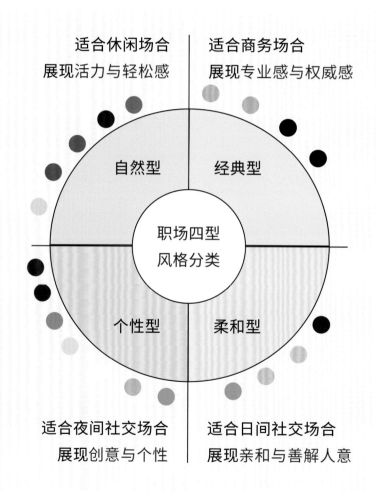

色彩人格分析

此外还有一个色彩心理测验，可以用来快速测出人的基本个性，也能作为服装风格的参考，大家也不妨试试。在以下二十色当中，选出一个最像你的色彩（直觉上最能代表你），对照上图的色彩位置，找出适合的服装风格。

色彩心理分析除了作为服装风格选择的辅助工具外，还能借着这个问题了解人的个性。

二十色个性象征

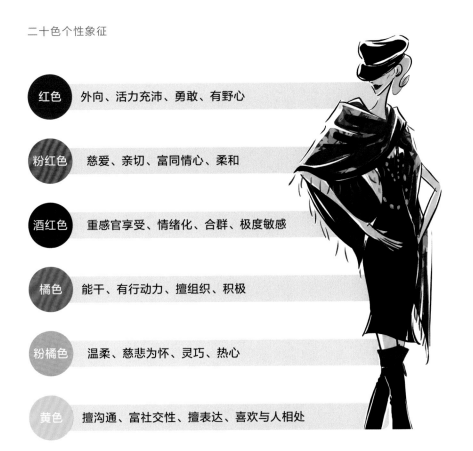

红色　外向、活力充沛、勇敢、有野心

粉红色　慈爱、亲切、富同情心、柔和

酒红色　重感官享受、情绪化、合群、极度敏感

橘色　能干、有行动力、擅组织、积极

粉橘色　温柔、慈悲为怀、灵巧、热心

黄色　擅沟通、富社交性、擅表达、喜欢与人相处

薄荷绿　谦虚、有洞察力、沉着、心地善良

苹果绿　创新、爱冒险、擅自我激励、善变

绿色　仁慈、人道主义、擅服务、富有科学精神

蓝绿色　理想主义、忠诚、善感、有创造力

浅蓝色　有创意、富想象力、擅分析、感觉灵敏

深蓝色　有智慧、负责、擅经营管理、不依赖他人

豆沙红　细致、含蓄、敏感、擅鼓励

| 紫色 | 相信直觉、精神世界丰富、感觉敏锐、自视甚高 |
| 咖啡色 | 诚实、脚踏实地、擅支持、擅组织 |
| 黑色 | 有原则、意志坚定、独立、固执己见 |
| 白色 | 个人主义、寂寞、自我中心、爱好自由 |
| 灰色 | 被动、紧张、感觉压力沉重、不愿做承诺 |
| 银色 | 荣耀、浪漫、可信赖、彬彬有礼 |
| 金色 | 理想主义、高贵、成功、高标准 |

# （二）四种风格类型的着装建议

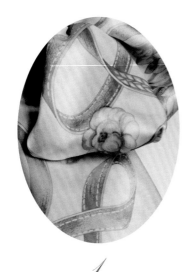

1

经典型（女装）

**特色：** 优雅、正式、简单大方、重质感、略带时尚感

**主要款式：** 裙装套装、裤装套装

**色彩：** – 中性色中的乳白、米色、灰色与灰褐

　　　　– 深色的黑、铁灰、藏青色

　　　　– 较不鲜艳的色彩如豆沙色、小麦色、秋香绿

**线条：** – 剪裁合身

　　　　– 肩线柔和自然

　　　　– 有腰身而不夸张

**形状：** – 柔和的沙漏形

**质料：** – 以质地佳的毛料与丝制品为主

　　　　– 质感好的天然或混纺纤维

　　　　– 柔软或略带光泽

**花纹：** 素色或小型花纹

**整体造型建议**

* 多使用同色系或相近色系搭配

* 服装质感重于流行

* 配件与饰品成套且力求完美

* 发型整洁光滑

* 妆容考究正式

**围巾建议**

- 丝质方形围巾（小型与中型）

- 丝质长形围巾（小型与中型）

- 质感好的丝质或羊绒披肩

**花纹：** 爱马仕经典图案、草履虫、小圆点、中型花朵

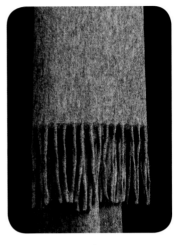

**经典型（男装）**

**特色：** 成熟、主流、不特别强调时尚感、变化较少

**主要款式：** 套装西服加领带、配套西装加领带

**色彩：** – 深蓝与深灰色西装

      – 白色与浅色衬衫

      – 蓝白相间斜纹或酒红领带

**线条：** – 剪裁松紧合宜

      – 肩线明显而不夸张

      – 略有腰身

**形状：** – 长方形或柔和的倒三角形

**质料：** – 毛料西装

      – 棉质衬衫

      – 丝质领带

**花纹：** – 铅笔条、粉笔条西装

      – 细条纹衬衫

      – 斜纹、小圆点、小图案或素面领带

---

**整体造型建议**

* 重视服装质感

* 服装妥为整烫

* 搭配深色（多为黑）鞋袜

* 选用高级配件

* 发型简单利落

* 讲究个人修饰

**围巾建议**

- 丝质方形小围巾

- 丝质长形围巾

- 质感好的羊绒围巾

**花纹：** 素面、草履虫、斜条纹

**特色：** 柔软、年轻、女性化、重细部装饰

**主要款式：** 连衣裙加外套、针织套装加裙

**色彩：** – 中性色中的白色、浅灰、灰米

　　　　– 常用粉彩色系

　　　　– 较少穿着深色

**线条：** – 肩线柔软或有皱褶

　　　　– 腰身明显或有皱褶

　　　　– 裙摆较宽

**形状：** – X 形、沙漏形

**质料：** – 以软质有垂性为主

　　　　– 质轻且薄

　　　　– 不太发亮

**花纹：** – 小型重复花纹

　　　　– 花朵与软性花纹

　　　　　较传统的花纹

## 3

### 柔和型（女装）

**整体造型建议**

\* 服装柔软飘逸

\* 多女性化的装饰细节

\* 配件宜秀气且多曲线设计

\* 发型微卷、佩戴发箍或蝴蝶结饰

\* 妆容淡雅或可爱

**围巾建议**

- 丝质长方形围巾（小型或中型）

- 丝质中型方巾

- 质感柔软的披肩

- 手工编织或装饰的丝巾与披肩

**花纹：** 小碎花、小圆点、蕾丝花纹、花朵实物图

柔和型（男装）

**主要款式：** 单件西装加衬衫，衬衫加领带

**色彩：** – 灰色西装（中到深）、大地色西装

　　　　– 浅色衬衫、条纹衬衫、浅粉衬衫

　　　　– 明亮色调的领带

**特色：** 年轻、素雅、亲和、简单大方、稍有时尚感

**线条：** – 剪裁松紧合宜

　　　　– 肩线明显但不夸张

　　　　– 较有腰身

**形状：** – 柔和的长方形、柔和的倒三角形

**质料：** – 毛料或混纺毛料西装

　　　　– 棉质或混纺棉质衬衫

　　　　– 丝质领带或其他混纺材质领带

**花纹：** – 素面西装

　　　　– 细条纹衬衫、小格子衬衫

　　　　– 斜纹、小圆点、小图案、草履虫或素面领带

**整体造型建议**

* 装扮较为休闲
* 重视服装搭配
* 服装须保持整洁
* 搭配深色（多为黑）鞋袜
* 选用质感好的配件
* 发型清爽年轻

**围巾建议**

- 丝质方形小围巾
- 丝质长形围巾
- 质感好的毛料围巾


**花纹：** 草履虫、小圆点、小花朵

## 5

自然型（女装）

**特色：** 轻松、自在、舒适、重功能性

**主要款式：** 衬衫配长裤、针织衫加长裤

**色彩：**– 中性色如深蓝、卡其色与白色

        – 大地色系如咖啡色、砖红、驼黄、橄榄绿

        – 鲜艳的颜色如红、黄、绿

**线条：**– 剪裁较宽松

        – 肩线自然而不夸张

        – 腰身不明显

**形状：**– 柔和的长方形

**质料：**– 天然材质如纯棉、麻与毛料

        – 质地较挺且不发亮

**花纹：**– 小至中型花纹

        – 条纹、格子、圆点与有趣的图案

**整体造型建议**

* 装扮较为休闲

* 宽松的多层次搭配

* 袖子卷起

* 领子竖起来

* 配件少或个性化

* 化妆与发型力求自然

**围巾建议**

- 涤纶方巾

- 棉麻质长丝巾与披肩（中性色）

- 斜纹绸方巾、网格纱大长巾

**花纹：** 条纹、格纹、圆点、奶牛纹、动物实物图

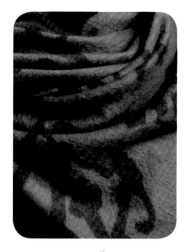

*6*

———————

自然型（男装）

———————

**特色：** 轻松、休闲、舒适、方便

**主要款式：** 有领上衣加长裤，有时也会穿其他款式的外套

**色彩：** – 大地色为主

　　　　　– 有时会穿各种鲜艳色彩

　　　　　– 深色衬衫、花格子衬衫

　　　　　– 各种颜色休闲领带

**线条：** – 剪裁较宽松

　　　　　– 肩线较宽

　　　　　– 腰身不明显

**形状：** – 柔和的长方形、椭圆形

**质料：** – 天然材质如纯棉、麻与毛料

　　　　　– 质地较挺且不发亮

**花纹：** – 素面外套、格子西装

　　　　　– 花格子衬衫

　　　　　– 抽象或有趣图案领带

**整体造型建议**

* 装扮更为休闲

* 较不重视搭配

* 服装须保持新度

* 搭配咖啡色系休闲鞋

* 选用休闲款配件

* 发型短而利落

**围巾建议**

- 棉质方形小围巾

- 棉麻质长形围巾

- 质感好的毛料围巾与毛线编织围巾

**花纹：** 富肌理感的素面、格纹、条纹

## 7

### 个性型（女装）

**特色：** 个性化、多元化、组合性、解构风、时尚感

**主要款式：** 长短宽窄裙或裤装、袍子或任何其他形式的服装

**色彩：** – 深色如黑、炭灰、深酒红

　　　　– 浓浊的色彩如卡其、橄榄绿、水鸭蓝、芥末黄

　　　　– 荧光色如黄、绿、橘

**线条：** – 从极宽松到极合身

　　　　– 自然的或夸张的肩线

　　　　– 腰身通常不显著

　　　　– 直形或宽下摆但长度很长

**形状：** – 长方形、椭圆形或任何形状

**质料：** – 软或硬，粗糙或光滑，亮或雾，天然或人造

　　　　– 最喜爱有质感的棉质

**花纹：** – 几何图形、抽象花纹

　　　　– 具现代感与流行性的图案

　　　　– 大型花纹或间隔较大的

　　　　– 民族风格　　– 局部或片段式的图案

　　　　– 各种花纹的混合

---

### 整体造型建议

*多层次穿法　　*混合式搭配

*采用宽配窄、长配短等对比式搭配

*佩戴大型或多重饰品

*使用具民俗风或时尚感的配件

*穿靴子或时尚感凉鞋

*发型极长卷或极短均可

*妆容极自然或极人工化均可

### 围巾建议

- 大型围巾　　- 大型披肩

- 异材质拼接丝巾与披肩

- 异型或特殊设计款

- 设计特殊，材质闪亮，色彩艳丽

**花纹：** 大型几何图形、抽象花纹、骷髅、兽纹、艺术作品、蜡染、拼接图案

## 8

### 个性型（男装）

**特色：** 有个人特质、创意、夸张、时尚感

**主要款式：** 可以是任何一种款式

**色彩：** – 中性色中的黑与白

– 强烈对比的搭配

**线条：** – 紧身或宽松均可

– 呈夸张的各种形状

– 长度宽度突破一般男装常规

**形状：** 长方形、椭圆形或任何形状

**质料：** – 喜好硬挺有型的

– 光滑的或粗糙的

– 发亮的或雾面的

**花纹：** – 几何图形、抽象花纹

– 具现代感与流行性的图案

– 大型花纹或间隔较大的

---

**整体造型建议**

*以黑色服装为主轴

*服装与配件须重时尚感

*采用宽配窄、长配短等对比式搭配

*喜欢佩戴饰品

*发型时尚且有型

*注重个人修饰

**围巾建议**

- 棉质或丝质方形小围巾

- 棉麻或丝质长形围巾

- 毛料或丝质大围巾与大披肩

**花纹：** 艺术作品、抽象图案、时尚图案

## （三）四型风格推荐围巾款型速查表

| | 经典 | 柔和 | 自然 | 个性 |
|---|---|---|---|---|
| （尺寸） | | | | |
| 小长巾 | ♡ | ♡ | | |
| 中长巾 | ♡ | ♡ | | |
| 大长巾 | | | ♡ | ♡ |
| 小方巾 | ♡ | | ♡ | |
| 中方巾 | ♡ | ♡ | ♡ | |
| 大方巾 | | | | ♡ |
| （面料） | | | | |
| 真丝斜纹绸 | ♡ | | ♡ | |
| 真丝素绉缎 | | ♡ | | |
| 真丝雪纺 | ♡ | ♡ | | |
| 真丝乔其纱 | | | | ♡ |
| 真丝西丽纱 | | | ♡ | ♡ |
| 棉麻 | | | ♡ | ♡ |
| 黏纤混纺 | | | ♡ | ♡ |
| 聚酯纤维 | | | ♡ | ♡ |
| 羊毛 | | | ♡ | ♡ |
| 羊绒 | ♡ | ♡ | ♡ | ♡ |

| | 经典 | 柔和 | 自然 | 个性 |
|---|---|---|---|---|
| （色彩） | | | | |
| 中性色 | ♡ | ♡ | ♡ | ♡ |
| 鲜艳色 | | | | ♡ |
| 深浊色 | | | | ♡ |
| 中浊色 | ♡ | | | |
| 粉彩色 | | ♡ | | |
| 大地色 | | | ♡ | |
| （花纹） | | | | |
| 素面 | ♡ | | ♡ | |
| 条纹 | ♡ | | ♡ | |
| 格纹 | | | ♡ | ♡ |
| 圆点 | | | | ♡ |
| 大花朵 | | | | ♡ |
| 中花朵 | ♡ | ♡ | | |
| 小花朵 | | ♡ | | |
| 草履虫 | ♡ | ♡ | | ♡ |
| 兽纹 | | | | ♡ |
| 几何图案 | | | ♡ | ♡ |
| 抽象图案 | | | | ♡ |
| 卡通图案 | | | ♡ | ♡ |
| 艺术作品 | ♡ | ♡ | | ♡ |

# 三、个人身材与围巾

　　围巾的选择与使用当然与身材有关，但基本上是以围巾来扬长，即在身材具有优势的部位，利用围巾来聚焦目光。至于用围巾来避短，有时也行得通，主要是因为围巾面积够大，例如用围巾将颈子完全包住，可以遮掩颈部皱纹；或是将围巾垂放在身前，可以稍微遮住凸出的胃和腹部。这样的做法还得加上服装的配合，简单说就是得遮得彻底才行，否则反而是欲盖弥彰。

## （一）以围巾修饰身材

　　以下将根据不同身材特征，建议适合的围巾款式：

### 1. 身高
　　修长的人，基本上没有什么限制，但特别适合以下款式：
- 大型披肩
- 大方巾与大长巾

　　娇小的人，适合以下款式：
- 较小的披肩
- 较薄的丝巾

- 中小型方巾与长巾

- 避免长或厚或蓬松的丝巾


## 2. 体形

苗条的人，基本上没有什么限制，但特别适合以下款式：

- 较厚的围巾与披肩

- 蓬松的丝巾与披肩

丰腴的人，适合以下款式：

- 垂坠感强的围巾与披肩

- 质料薄的丝巾与披肩

- 简单将长丝巾垂挂在身体前方，形成细长条分割线，具有神奇功效


## 3. 曲线（腰与臀部宽度落差）

梨形的人，适合以下款式：

- 将丝巾系在腰部作为装饰

苹果形的人，适合以下款式：

- 将丝巾系在胯部作为装饰

## 4. 颈部

颈子细长的人，适合以下款式：

- 将中大型方形丝巾在颈部系蝴蝶结

- 将较厚的丝巾系在颈部

- 将蓬松面料丝巾系在颈部

颈子短或粗的人，适合以下款式：

- 将薄丝巾系结放在肩部

- 将薄的长丝巾垂挂在胸前
- 避免将丝巾直接系在颈部

## 5. 肩膀

肩膀宽或平的人，适合以下款式：

- 大型披肩
- 将长丝巾或大披肩挂在一侧肩膀上

肩膀窄或斜的人，适合以下款式：

- 较厚或蓬松的披肩
- 将较硬挺或蓬松的丝巾放置在肩部
- 避免用大披肩做单肩式造型

肩膀较圆或较厚的人，适合以下款式：

- 较薄或较垂的材质
- 避免用大披肩做单肩式造型

## 6. 胸部

胸部丰满的人，适合以下款式：

- 垂感佳的薄丝巾
- 避免在胸部系结饰

胸部娇小的人，适合以下款式：

- 较厚或蓬松的丝巾
- 将丝巾系结后放置在肩部

## 7. 腹部

腹部微凸的人，最适合以下两种戏称为吃到饱的款式，重点是丝巾面料必须薄又垂。

吃到饱造型 1

系法详见 105 页中长巾—中央小平结

吃到饱造型 2

系法详见 165 页大方巾—三角中央小平结

## （二）围巾与脸形

丝质围巾大多柔软，结饰线条也趋向圆弧，衬在脸的周围，可以有效地柔化脸部线条，因此脸形分类对于围巾的使用并不是重点，唯一需要注意的是脸的长短。

希望脸看起来加长一点的人，在使用丝巾时，最好选择线条往下延伸的系法，围裹披肩时应该将颈下部位多露一点出来，形成 V 形线条，效果较佳（见左图）。

相反的，希望脸显得短些的人，最好选择线条较为平直的系法，且在用披肩时将颈下部分往上略提，形成一字线条，如此脸的长度便能得到修饰（见右图）。

# （三）围巾放置的部位

最后还要再就围巾放置在身上的部位，为大家总结出如何做到展现身材优势：

### 1. 头部

发带的型式适合大多数的人，但头巾的型式比较适合头部脸部比例较小、脸形姣好、五官立体的人。

### 2. 颈部

适合颈子细长且线条优美的人。

### 3. 肩膀

大部分人都适用，尤其是肩膀挺拔的人。

### 4. 胸部

大部分人都适用，但胸部过于丰满的人要注意丝巾面料须薄且垂。

### 5. 腰部

适合腰部纤细的人。

### 6. 臀部

适合臀部较窄臀形浑圆挺翘的人。

### 7. 手腕

大部分人都适用，尤其是手腕纤细的人。

### 8. 作为配件

丝巾还可以与其他配件一起使用，最常见的是系在皮包的提把或肩带一侧，系上一个蝴蝶结，色彩斑斓且随风摇曳，平添几分浪漫。或是在手提包上沿着提把整个以丝巾缠绕，也能使皮包更加活泼抢眼。

此外，丝巾还可以系在帽子上，夏天的草帽最适合，沿着帽身边缘围成一圈，最后再打个平结或蝴蝶结，也能替帽子增色不少。

丝巾还可以扭绞成一条细带子，直接穿过休闲裤的皮带襻中，立刻变身为一条彩色腰带，末端系个结，让尾部垂下，比硬质皮带柔美许多。

# 四、身份场合与围巾

一般而言，生活中的场合大致可分为四类：职场、社交、晚宴、休闲。不同场合的装扮自是各有特色，在围巾的使用上也各有需要特别留意的地方。

## （一）职场款

在职场上使用最多的应该是质感好的围巾，小方巾在保守的行业中最为常见，中方巾是很多以装扮见长的优雅女性的必备品，长方形丝巾在较讲求人际关系的工作中，作为强调女性特质的配件，效果甚佳。而在乍暖还寒的春季或夏季空调温度较低的办公室中，较厚的丝巾或薄款羊绒披肩还是很有发挥空间的。

我为职场女性整理出了一份清单，根据不同工作所需要展现出的主要特质来进行分类，列出最适合的围巾种类。

1. 专业　·中或大方巾　·中或大长巾
2. 亲和力　·小或中方巾　·小或中长巾　·薄款披肩
3. 创意　·大方巾或大长巾　·超大披肩

## （二）社交款

　　所谓社交场合是指私人或商务上为增进人际关系而举行的活动，包括与朋友逛街或喝下午茶，以及与客户一起看画展或参加鸡尾酒会等。社交场合的装扮比较能随心所欲，可以展现更多个人风格，因此在服装与围巾的选择上可以参考前述的风格篇。

　　建议更进一步加入"人境合一"的概念，在围巾款式选择上，与所处环境和谐为佳，当置身豪华社交场所如五星级酒店或高端会所，服装自然较为讲究，此时应搭配质感精良且高品位的围巾；假使所到之处带有中国风如中式茶馆或中式宴饮场所，最好选择带有中式设计元素的围巾；至于到了郊区旅游胜地或私人别墅，则可选择带有休闲风格，棉麻或真丝西丽纱之类精致度较低的面料，这样的丝巾感觉较为放松，很适合这类场合。

## （三）晚宴款

晚宴装扮对女性而言，完全不同于日间装扮，因此可以好好发挥一番。夸张、豪华、闪亮、性感，都是女性晚宴装扮的特征，因而也有了所谓的晚宴丝巾的特殊类型。

晚宴丝巾的最大特质当推闪亮，有些是添加了闪亮饰物如珠子亮片或绣花的设计，使得丝巾倍显奢华，还有些在材质中加入金属纤维，或是织入了金葱，使得面料闪闪发光，这些都是标准的宴会款。

此外还有一些特别蓬松或半透明的设计，展现一种如梦如幻的氛围，这样的丝巾不太适合在职场或户外出现，因此也成为一种较低调的宴会丝巾。

国际化场合尤其是出国参加国际会议或宴会，建议佩戴带有民族风的围巾，如能选择中国原创设计师品牌的作品，向国际人士展示我们的原创精神与精致品味，更是加分。

## （四）休闲款

休闲场合的围巾使用，大多以保暖为主，因此大半都是较厚的春秋款丝巾。一些爱美的女性，在休闲时也会用丝巾作为防晒配件，推荐大家使用薄质的大型披肩，既可以将大部分身体遮蔽，又不至于太闷热。

爱美的女性，享受轻松闲适的假期时，若仍想以围巾来修饰，可以选择棉麻类材质，或不太娇贵的丝质如电力纺或西丽纱等。一些质感好做工佳的涤纶大纱笼巾，也很适合在户外休闲时使用。

此外还有一些较为简单的款式，款式简单的中小型方巾或棉麻类中长巾，可以很随兴地搭配衬衫或 T 恤，让休闲装扮不至于太显单调。

这些年出国旅游每次都携带一些围巾，并且依照可能的拍照场景，事先规划了合适的款式与色彩。再次和大家来分享：

在如草原或树林中拍照，背景以绿色为主，围巾中最好有明显的红色系，最为出彩。

在海边拍照，背景以蓝色为主，围巾以鲜艳的红、黄、橘与绿为佳，白色也很醒目。

在花季赏花或秋季赏枫行程中，由于四周已经是万紫千红，来点绿、蓝或白色反而更能成为焦点。

在都市中的旅行，服装大面积中性色显得更具都会风，围巾可以小面积对比色或鲜艳色点缀其间。

# 第 三 章

# 围巾的艺术

围巾的使用是一门艺术，要想进入围巾艺术的殿堂，请跟我来！

# 一、围巾基本结饰

围巾的入门非常容易，只要学会以下几个简单的结，就几乎掌握了九成以上的技巧。

● 单结

说明：这是所有结饰的基础，简单易懂，也可以单独使用。

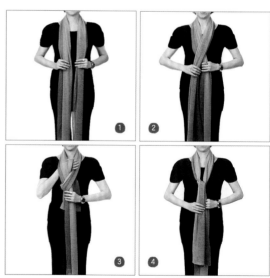

步骤：

（1）将丝巾挂在颈部，两侧垂下；

（2）右手将左片拉到右边；

（3）从颈下交叉的 V 字上端抛出；

（4）两片以一个交叉固定住，就形成了一个单结。

● 平结

说明：这是必学的结，也是生活中最常用的结，会打漂亮的平结，几乎就无所不能了。平结经常用来固定围巾，很多变化技巧都需要打个小平结来固定。以平结作为装饰的打法，比较偏向中性风格，适合个性较为中性化的女性，或在职场上需要表现出专业性的行业。

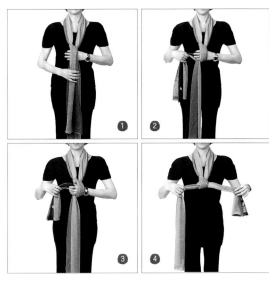

步骤：

（1）先打一个单结，整理单结，成一上一下的形式；

（2）左手握住下片紧接单结处，用上片包住左手绕一圈；

（3）将刚绕过的上片末端交给左手，拉出到左边来；

（4）两端朝左右拉紧，整理一下，平结完成。

● 蝴蝶结

说明：蝴蝶结是最常用的结饰之一，所有女性都应该学会，不论是衣服、头发、鞋子还是礼物包装，都要用到。能打出漂亮的蝴蝶结，便能得到巧手的美名。以蝴蝶结作为装饰的结比较能表现女性特质，适合个性偏女性化的人，或在职场上需要表现更多亲和力的职位。

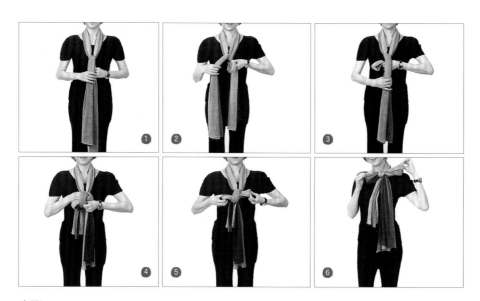

步骤：

（1）同87页平结（1）；

（2）将下片折出一个蝶翼，朝右边放置；

（3）用上片绕蝶翼一圈；

（4）从右边将上片从中间的环往左穿过，抽出一个圈，做成另一个蝶翼；

（5）两个蝶翼朝左右拉紧；

（6）整理一下，蝴蝶结完成。

● 单边蝴蝶结

说明：这是蝴蝶结的变异版，比蝴蝶结简单，因为不对称，形状也更富变化。仔细分析之下，单边蝴蝶结其实是平结与蝴蝶结的混合版，风格也恰巧介于二者之间，因此如果想要专业与亲和兼具，可以使用这个结饰。

步骤：

（1）同87页平结（1）；

（2）同87页平结（2）；

（3）从右边将上片从中间的环往左穿过，抽出一个圈，做成一个蝶翼；

（4）将蝶翼与另一端朝左右拉紧，整理一下，单边蝴蝶结完成。

● 折纸扇

说明：这是使用围巾的基本小技巧，假使围巾是纸做的，整个动作就像小时候玩折纸时做的纸扇，连续折叠出窄窄的小折子，展开就是一把纸扇。但现在是要在布料上做出连续小折子，与折纸方法不同，请依照下面的步骤进行。这个技巧可以应用在多款的围巾系法上，做出蝴蝶或花朵，是相当浪漫华丽的款式。

步骤：

（1）两手以拇指与食指抓住围巾一边的起点；

（2）右手前进往左边作小折，左手后退送出小折；

（3）如此一直连续至要收拢的部位；

（4）将收拢部分抓牢并固定。

● 卷麻花

说明：卷麻花的技巧需要做一点练习，卷的时候两只手以同方向运动，因此感觉怪怪的，有趣的是必须感觉不顺手才是正确的手法，如果在卷的时候很顺，通常反而是错的。卷得好的麻花纹路分明，很漂亮又不会散开。麻花可以用在很多不同的地方，形成趣味感。

步骤：

（1）将两侧丝巾分别以同方向扭转（此时感觉很不顺手），见图1、图2；

（2）再将两侧以反方向交互扭绞成为一股，见图3、图4、图5；

（3）将尾端打个单结固定，见图6。

# 二、四季丝巾的种类与系法

　　丝巾因其材质原因，多数都比较薄，爱美的女性四季都可使用。丝巾的形状以长方形居多，其次是正方形，至于其他如三角形、半圆形，或各种奇特造型就皆属少数。

　　至于尺寸，从小至大，种类繁多，常见的形状与尺寸大致可分为以下 7 类：

长方形围巾

1. 小长巾（35—45cm×160—170cm）

2. 中长巾（50—65cm×165—180cm）

3. 大长巾（80cm×200cm）

4. 特大长巾（海滩纱笼巾）（120cm×160—200cm）

正方形围巾

1. 小方巾（约 50cm×50cm）

2. 中方巾（80—90cm×80—90cm）

3. 大方巾（110—140cm×110—140cm）

（一）小长巾

35—45cm × 160—170cm

10种
造型变化

| | |
|---|---|
| ·长巾蝴蝶结 | ·长巾半蝴蝶 |
| ·单套结 | ·罗马领 |
| ·单肩侧垂 | ·单肩包扣式 |
| ·内搭包扣式 | ·露肩内搭 |
| ·侧系小披肩 | ·麻花山茶 |

这类围巾面积较小，传统上认为变化不多，但在创意巧手开发下，仍为这款小长巾带来了不少亮眼的创意款。较适用于职场装扮，可以为职业装增添几分优雅与柔美气质。

● 长巾蝴蝶结

特质：柔美亲切

说明：重点在结饰必须置于侧面，才有浪漫感，置于正中间则显得过于保守呆板，因此第一个单结必须得系得紧一点，才能确保蝴蝶停留在肩部。此款造型特别简单，但仍能使整体造型增添不少女人味，是应用性极广的一款。

步骤：

见88页基本结饰—蝴蝶结。

达人密技

如果想增添浪漫感，蝴蝶结两侧垂下的长度尽量不相等，意即不对称的蝴蝶结效果更加浪漫。如希望更张扬一些，可用中长巾与大长巾做此款造型。

● 长巾半蝴蝶

**特质：** 柔美优雅

**说明：** 与上款蝴蝶结相同，第一个单结必须系紧一点，结饰才容易固定在侧面，且两侧垂下的长度不宜等长，可能得多试几次才能掌握最佳长度。

步骤：

见 89 页基本结饰—单边蝴蝶结。

---

**达人密技**

如结饰系得较松，垂放在胸前也是另一种感觉，但必须是较苗条的身形才合适。与蝴蝶结相同，如希望更张扬一些，可用中长巾与大长巾做此款造型。

● 单套结

特质：端庄大方

说明：是一种简单大方的款式，比较保暖，适合在春秋季使用。此款适合表现专业形象，很适合职场女性。

步骤：

（1）将丝巾一角拉起，沿对角线拉成一个长条，从中对折，两侧不等长；

（2）将丝巾围在颈部，短的一端在上方；

（3）将围巾的两个尾端从对折处形成的圈孔中穿出；

（4）长的一端置放在胸前，短的一端置放在背后。

**达人密技**

在此特别说明，传统上以长巾做造型，多半是将窄边收起，形成规则长条状，两端都是平的，但现在为了营造浪漫感，多由一个角开始，顺着将长巾对角线拉起，整理成两侧都是尖角的长条再做造型，朋友们不妨试试。

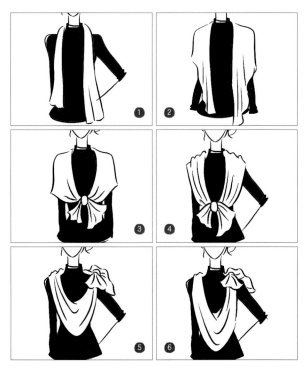

● 罗马领

**特质：**端庄抢眼

**说明：**这是一款原创发明，目的是将小型长丝巾做最大面积展示，且因为是在西装 V 区外面，西装里面的内搭还可以与丝巾中的色彩做整合，效果非常好。这款很适合在需要表现专业，但又希望能吸引众人目光，或想表现创意，但又不失专业的场合使用。

步骤：

（1）将丝巾披在肩上，两侧不需等长；

（2）丝巾必须全部张开包住肩膀与手臂，手臂向外斜张，增加面积；

（3）将两侧尾端打个小平结，高度在胃部，或在西装外套 V 区下方；

（4）将丝巾从手臂往肩膀上方推，推到悬垂在肩颈部；

（5）将小平结移至一侧肩膀上；

（6）将胸前的丝巾往下拉，整理成为垂坠形。

**达人密技**

步骤 2 的双臂张开是造成美丽垂坠的关键，手臂张开越大，最后造型的面积越大。此款最适合一扣款西装，V 区够大够长，做出来才大气，此外中长版针织开衫也可以采取这样的造型。

● 单肩侧垂

**特质：** 优雅抢眼

**说明：** 这是能将小长巾做大面积展示的方法，丝巾本身虽窄，但通过这样的系法，仍然显得很大气，还可以与胸花一起使用，更增添华丽感。

步骤：

（1）将长丝巾披在肩上，两侧大致等长；

（2）将其中一侧的内角拉起，往上提，放置在另一边肩下（领子下）；

（3）将这个角以胸花或胸针固定住。

● 单肩包扣式

特质：自信抢眼

说明：这款真是小兵立大功，属于明星级别的造型，丝巾虽小但显得气场特别强大。适合自信十足的人，在需要成为众人焦点的场合使用。建议使用不对称花纹且垂坠感强的丝巾。

步骤：

（1）将丝巾挂在一边肩膀上，前面略短，在肩部调整成自己喜欢的宽度；

（2）将前片向内侧略为收拢，包住外套扣子，将扣子扣上即可；

（3）肩部可用小别针将丝巾与外套固定；

（4）后面部分任其自由垂挂。

达人密技

此款可用在西装或针织外套，服装必须简单大方，有点帅气感更佳。

● 内搭包扣式

特质：大方艺术

说明：这一款很适合混搭的造型，可以在专业形象上增添一些创意或艺术感，较薄较垂的面料做起来更好看。而本身设计上就有变化的丝巾也很适合做这款造型。

步骤：

（1）将丝巾披挂在颈间，中间合拢，两侧长度相差较大；

（2）将一侧丝巾边缘包住外套扣子并扣起；

（3）将丝巾下摆整理好。

● 露肩内搭

**特质：**性感浪漫

说明：不让方巾专美于前，长丝巾也可以做内搭，这款内搭可以直接穿，像一件露肩的抹胸，适合热带旅行，但里面最好有一件小抹胸，也能搭配针织开衫，浪漫依旧。

步骤：

（1）将长丝巾横向放置背后，将两侧在腋下围绕身体往前拉；

（2）将前胸部位的两侧上缘各拉出一个角，在胸的高度系一个平结。

步骤：

（1）将丝巾披在肩上，两侧不等长；

（2）在丝巾两侧大约胸前位置各拉出一点布料，系一个小平结；

（3）将结移至肩膀位置，并尽量贴近颈部；

（4）将胸前多余的布料往下拉呈 U 形，形成垂坠效果。

● 侧系小披肩

特质：优雅浪漫

说明：这款很实用，夏季如果穿着无袖上衣，进入空调房感到有点冷，就可以使用这款系法，既可保暖也可装饰。但此款比较适合较薄的丝巾，太厚的打结会太大。

达 人 密 技

用小长巾做的这款造型，因受限于丝巾宽度，最后完成的小披肩比较窄，因此适合搭配短版连衣裙，如果要搭配长袍或长裙，可改用中长巾。

● 麻花山茶

**特质：** 柔美亮丽

**说明：** 适合中等厚度的丝巾，太厚的很难做。丝巾必须够长。一定要用素色或渐变色丝巾，否则就看不出最后的花朵效果。此款因为必须贴着颈部，因此只适合颈部细长的人，尤其是这朵花将成为视觉焦点，因此颈部必须是身材上的优点才适合。

步骤：

（1）丝巾挂在颈间，将两侧扭成麻花，麻花起点必须紧贴颈部；

（2）按着麻花起点，将这一股麻花顺着它自有的方向盘成圆形（一圈或两圈）；

（3）最后将尾端从圆圈中心的位置一点点塞紧，让尾部自内垂下。

**达人密技**

细致面料丝巾千万不要用来扭麻花，一来丝巾易受损，二来达不到一定厚度，麻花太细也不好看。最好用棉麻制品，或是较厚或富有纹理的丝织品。

# （二）中长巾

50—65cm×165—180cm

这是最普遍的一种长方丝巾，功能极广，适合搭配职场服装，在专业严谨的形象中增添些许温柔气息，亲和力立即加分。也可以在社交宴会中使用，随性地往肩上一披，或用一点小技巧做些造型，都能让整体服装生色不少，建议每位女性都应拥有几条这样的围巾。

**14种造型变化**

| | |
|---|---|
| ·中央单结式 | ·两侧垂挂式 |
| ·中央小平结 | ·双C后垂式 |
| ·荷花 | ·后系小披肩 |
| ·不对称长内搭 | ·单袖小披肩 |
| ·水袖小外套 | ·后系披肩小外套 |
| ·裹臀式 | ·小裙式 |
| ·包系大蝴蝶结 | ·包系半蝴蝶结 |

● 中央单结式

特质：端庄保守

说明：这是一种简单大方的系法，但丝巾本身的图案不太能展现，建议使用素面丝巾或渐变色丝巾。

步骤：

（1）将长丝巾挂在颈部；

（2）在中央系一个单结，让尾端自然垂下，两侧避免等长。

● **两侧垂挂式**

特质：大方优雅

说明：此款最为简单，建议在使用具有艺术性图案的丝巾时不妨试试，可以完全表现围巾本身的花纹。

步骤：

（1）将长丝巾挂在颈部；

（2）避免两侧等长。

● 中央小平结

特质：端庄艺术

说明：这款既简单效果又好，最大优点是可以完全遮住腹部，因此被戏称为吃到饱造型，也很适合表现低调的创意与个性感。建议用薄且垂坠感佳的面料。

步骤：

（1）将长丝巾包住肩膀，两侧不对称，垂在胸前；

（2）在胸部高度，将两侧打一个小平结；

（3）将肩部的丝巾卸下，往胸前随意堆放。

**达 人 密 技**

体形苗条的人，可先将丝巾包住肩膀，待结打好之后，再将丝巾垂于胸前，如此结饰会更加立体，且更有型；但体形丰腴的人，一开始须将丝巾挂在颈部，结饰才会服帖，可显瘦。

## ● 双 C 后垂式

**特质：** 优雅抢眼

**说明：** 这是一款装饰性很强的造型，适合公开亮相的场合，很引人注目。建议使用不对称花纹或渐变色丝巾，面积大且面料垂坠效果更佳。

步骤：

（1）将丝巾垂挂在颈上，两侧不等长；

（2）将两侧在胸前做两次交叉，在胸前形成双 C 扭环；

（3）将丝巾两侧往后放，披在肩膀上，让丝巾两端自然垂下，两侧长度宽度都不相同，形成不对称造型。

**达人密技**

此款造型在肩上较易滑动，必须是丝巾玩家才能掌握，初学者可能会太在意丝巾会不会走型，而显得不太自在，不建议使用。

● 荷花

**特质：**亮丽浪漫

说明：此款适合特别薄特别长的丝巾，越长做起来效果越好。且由于做好之后有一朵明显的花，而其他部分皱褶很多，充分展现出女性特质，因此适合个性偏向女性化的人，或希望刻意加强女性特质的人。

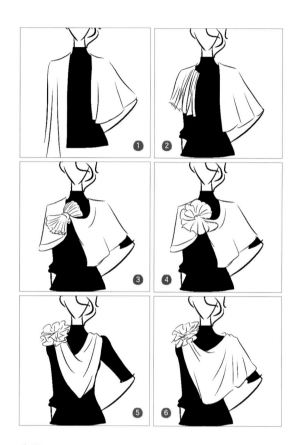

步骤：

（1）将长丝巾披在肩上，左侧齐腰，其余都在右侧；

（2）从右侧内角开始折纸扇（若丝巾不够长，可从底部短边开始折起），一直往上到胸口的高度；

（3）以左侧内角一小部分，环绕纸扇约 10 厘米处将纸扇系紧；

（4）将纸扇向四面充分展开，成为一朵美丽的花；

（5）将花朵移至左肩处，将胸前的丝巾往下拉，成垂坠形；

（6）若手臂较粗，可将左后侧丝巾往前拉，遮住手臂。

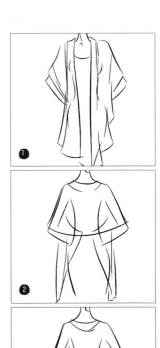

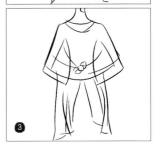

● **后系小披肩**

**特质：艺术浪漫**

说明：因为是将结放在后面，前面看起来紧贴脖子，显得较为特殊。特别提醒一下，这款前面的一字造型使得脖子露出的空间较少，比较适合脖子较长或脸形较长的人。

**步骤：**

（1）将丝巾披在肩上，两侧不等长；

（2）在丝巾两侧大约胸前位置各拉出一点布料，系一个小平结；

（3）将结移至背后，并将结尽量往下拉，让前面紧贴颈部。

> **达人密技**
>
> 此款可以在背后以胸针或胸花固定系起来的小平结，很适合搭配露背小礼服，展现美背。

● 不对称长内搭

特质：艺术抢眼

说明：这也是一款很抢眼的创意造型，由于前襟包得较紧，背后部分也包得较合身，适合苹果形身材来穿。

个性款长内搭，平时不适合直接穿，外面加上西装或针织开衫，可以出现在较有创意或时尚职场。但在热带旅行时，可以直接外穿，变成露背装，显得性感又有型。

步骤：

（1）将围巾横向放置背后，将两侧在腋下围绕身体往前拉；

（2）将两个角往上拉，先交叉再绕至后颈；

（3）将其中一个角与另一边中拉起的一个角打一个平结；

（4）另一边将有一部分多出，任其自然垂下，这一侧会形成不规则的前襟；

（5）外面添加一件外套，还可以将不规则前襟包住外套扣子，做成包扣将外套扣起来。

> **达人密技**
>
> 此款须考虑下摆露出的比例，丝巾在颈后系的松紧高低，决定了下摆露出的长度，需要更长的下摆，后颈系得松一点，结打小一点，相反地，想缩短下摆，便将两端在后颈部位拉紧一点，结系得大一点。但单独外穿时，结不可太松，否则会有些松垮。
>
> 此外这个款式整体长度较短，也可以搭配短版外套，但当穿着短外套时，丝巾恰巧在臀部的位置，臀部容易成为视觉焦点，因此比较适合臀形较好的人。对臀形没有自信的人，建议还是搭配长外套。

● 单袖小披肩

**特质：**艺术浪漫

**说明：**非常有趣又实用的造型，完全避免了披肩滑落的尴尬，自推出以来大受女性朋友欢迎。

步骤：

（1）将长丝横向对折成为窄长方形；

（2）将一侧末端的距离角20厘米处的两边系上小平结；

（3）将一只手穿入做好的这个袖孔中，另一侧随意披在肩上。

**达人密技**

这款小长巾、中长巾与大长巾都能做，小长巾系在两侧角的位置，中长巾在两角往上20厘米处，大长巾在30厘米处，丝巾越大效果越张扬。

● 水袖小外套

特质：艺术浪漫

说明：这是上一款单袖小披肩的变形版，也是充满创意与浪漫感，适合创意工作者，或是出席社交场合。丝巾必须又薄又垂才好看。

步骤：

（1）将丝巾顺着长边对折，折成细长的长方形；

（2）将一侧末端的两个角系上小平结；

（3）另一侧在往内约40厘米处，将两层长边各抓出一点布料打一个小平结；

（4）将双手分别穿入两侧的袖孔中，便能形成不对称的小外套。

● 后系披肩小外套

特质：艺术浪漫

说明：这款造型很浪漫，也很能吸引
目光，在穿无袖衣服时使用，还同时具有
御寒功能，在夏季也可以用来遮阳。

步骤：

（1）将丝巾披在肩上；

（2）顺着两侧内缘往后拉至后腰处；

（3）在臀部上方将一侧的一个角，与另一侧的边上抓出一点布
料打一个小平结；

（4）小平结可以置放在背部中央，也可以移至侧面靠近腋下。

> 达 人 密 技
>
> 这款也很受女性欢迎，能遮掩手臂的拜拜肉。此款造型还有一个优点是胸前留
> 白，很适合同时佩戴项链或腰链、皮带等其他配件。大长巾也可以做这款造型，
> 只是在背后打结时，两侧都是用边上抓起的小布料，而不是用角来打结。

● 裹臀式

**特质：**个性艺术

**说明：**建议选择不滑的面料，否则不易固定。丝巾必须够长够宽，较薄的款式效果较佳。此款由于将臀形整个表现出来，适合对臀形很有自信的人。

步骤：

（1）将丝巾围整束裹在臀部，两侧不等长；
（2）将丝巾两端在腹部侧面系一个平结或单结（适合不滑的面料）。

**达 人 密 技**
此款适合针织、棉麻或生丝面料。

● 小裙式

**特质：**浪漫柔美

**说明：**是一种比较浪漫的造型，适合创意工作者，或是出席社交场合。由于不像裹臀式那么紧贴臀部，适用性较广，梨形身材臀部丰满的人可以用这款来修饰臀部。

步骤：

（1）将丝巾围裹在臀部，两侧不等长，也可以先将丝巾做不对称对角折叠；

（2）将两侧丝巾从上缘在腹部侧面系一个小平结。

---

**达 人 密 技**

由于两侧丝巾无法完全贴合，走动时会露出内搭，此款里面多半搭配内搭裤，搭配裙子造成叠加效果也相当不错。

## ● 包系大蝴蝶结

**特质：** 俏丽浪漫

**说明：** 包包可以用丝巾来装饰，尤其是夏季的草编包，比皮制包更适合与丝巾共同演绎缤纷的热带风情。简单的素面草编包，是最佳素材，当然一些简单款的大皮包也可以这么来玩，增添几分浪漫特质。

步骤：

（1）将丝巾折叠成合适的宽度；

（2）环绕在包包的提把上，系一个蝴蝶结。

**达人密技**

包包系丝巾时，丝巾色彩需要同时与包包和服装都协调，才能达到最佳效果。

● 包系半蝴蝶结

**特质：浪漫俏丽**

与上款非常类似，只是结饰改成半蝴蝶结，这款有一端较长，更加浪漫。

## （三）大长巾

**80cm × 200cm**

市面上大型长巾不少，多半作为披肩使用，尺寸幅宽 80—110 厘米，长度 180—300 厘米不等。经过长时间研究，发现假使想要做多几款造型，尺寸以 80×200 为佳，而如果仅是披在身上当作披肩使用，则大一点也无妨。

但可惜的是无论国内外品牌，80×200 的大长巾都很少见，主要是制作时得裁掉约 30 厘米面料，造成浪费，大部分品牌都不愿做，一般最常见到的是 110×200 的尺寸。幸运的是不久前终于有国内围巾原创品牌玖章吉愿意为我们生产这样的版本，对女性朋友而言真是一大福音。以下大长巾的各种变化系法，都是以这样的尺寸去设计的。

*8* 种
造型变化

· 绕颈两侧垂式

· 标准披肩式

· 浪漫长马甲

· 侧系小披肩变化款

· 包扣披肩

· 单袖小披肩

· 后系披肩小外套

· 纱笼围裹裙

● **绕颈两侧垂式**

**特质：** 优雅大方

**说明：** 这大概是最简单最普及的款式，连围巾初级生都懂得的方式，不要小看这个初阶款，在胸前垂吊下来的两个狭长条状色块，成功地将人正面分为五个细长条，在视觉上苗条很多，只要围巾面料薄且垂，保证立刻瘦身 5 斤以上。

步骤：

（1）将长丝巾从一角抓起，沿着对角线，拉成细长条；

（2）绕颈部一圈，两侧自然垂在胸前，注意两侧避免等长。

● 标准披肩式

**特质：** 优雅浪漫

**说明：** 不论厚薄与面料特性，只要是大长巾，甚至是超大长巾，都可以做这款造型，这是最标准的披肩装饰造型，显得既优雅又浪漫。

步骤：

（1）将披肩披在肩上，右侧较短；

（2）将左侧往下拉，露出左肩；

（3）左手须控制左边垂下的部分；

（4）如果是宴会时搭配礼服，左手可以拿个宴会小包，顺便很自然地控制住披肩。

**达人密技**

看似简单的造型，仍然建议大家平时多做练习，尤其是需要使用较为光滑的宴会披肩时，披肩不太容易固定，会在肩上游走，贸然出席重要场合时，可能会不太自在。

● 浪漫长马甲

特质：自信抢眼

说明：这款创意造型，气场超强，保证走到任何地方都能让你吸睛指数破表，适合出席人多的大场合，尤其是担任重要角色时。

步骤：

（1）将大披肩横向放置背后，将两侧围绕身体经过腋下往前拉；

（2）将两个角在胸前往上拉，绕至后颈，将其中一个角与另一边中拉起的一小块布料打一个平结；

（3）另一边将有一部分多出，任其自然垂下，两侧下摆形成一长一短的不对称造型，外面添加一件长外套，造型便完成了。

**达人密技**

做这个造型，最重要的是下摆长度，想缩短下摆，可将结系紧一点，如果想加长下摆，可将结系松一点。此外使用超大长丝巾时，可先将长边上端向外折，缩短整个下摆的长度。而下摆究竟该多长，除了个人身高因素（娇小的人最好避免过长），最重要的是露出的下摆必须与外套成理想比例，避免一比一。这款浪漫造型，比较适合上长下短，从二比一到四比一，效果都不错。还有一点顺便提醒，由于这款造型里面还需要穿一件内搭，因此丝巾色彩与内搭及外套都必须协调才行。此款也很适合搭配不规则的外套，整体展现艺术感。

● 侧系小披肩变化款

**特质：**艺术张扬

**说明：**这款是之前介绍过的小长巾的变化款，使用大长巾来制作，效果更加抢眼，夏季如果穿着无袖上衣，进入空调房感到有点冷，就可以使用这款系法，既可保暖也可装饰。但此款比较适合较薄的丝巾，太厚的打结会太大。

步骤：

（1）将丝巾平铺，横向不规则往上折，形成歪斜的对角线，如此可以缩减丝巾的宽度；

（2）将折好的丝巾披在肩上，两侧不等长；

（3）在丝巾两侧大约胸前位置各拉出一点布料，系一个小平结；

（4）将结移至肩膀位置，并尽量贴近颈部；

（5）将胸前多余的布料往下拉呈 U 形，形成垂坠效果。

**达 人 密 技**

由于第一个步骤先做了不规则对角折，很可能每次折的都不一样，因此造型十分多变，可视为一种乐趣，且经过对折，形成的斜角更夸张，不对称性更大，比用中小长巾做出来的更具艺术性。

● 包扣披肩

特质：艺术大方

特色：这款需配合有扣子的外套，西装或针织衫均可，由于在上半身露出面积够大，且有丝巾包扣创意，看起来既个性又大气。

步骤：

（1）将丝巾从一个角拉起，拉成对角线长条；

（2）披在肩上，两侧不等长，成左短右长；

（3）如有领子将领子竖起，最后领子可翻下或仍维持竖起状；

（4）将左侧调整为较窄的形式；

（5）将左边内侧做成外套包扣，如扣子较多，不一定全部都要扣；

（6）调整两侧下摆，呈不对称且不规则状。

● 单袖小披肩

**特质：**艺术浪漫

**特色：**正如前面介绍过，此款浪漫披肩造型，能避免从肩上滑落，非常实用。以大长巾制作，整体面积大于中长巾款，更为抢眼，适合身材较高且个性更张扬的女性。

步骤：

见 110 页中长巾—单袖小披肩，唯一不同点是步骤（2），打结是在距离角 30 厘米处，这样另一端垂下的长度才不致太长。

● 后系披肩小外套

特质：艺术浪漫

特色：如前面介绍过，此款很有艺术感，且能完全遮住双臂，也是广受欢迎的造型。

步骤：

见 112 页中长巾—后系披肩小外套，但在步骤（3），打结处是在身后丝巾两侧不等处，各拉出一点布料系上小平结，此款以大长巾制作，面积加大，长度加长，适合身高较高的女性。

● 纱笼围裹裙

**特质：浪漫温柔**

说明：这是放大版的小裙式，用大长巾做成长款纱裙，里面搭配内搭裤或短裤，近来一直流行长纱裙，可以不用添购裙子，就用半透明纱质大长巾（雪纺或乔其纱）来代替了。

步骤：

（1）将大丝巾围裹在臀部，两侧不一定要等长；

（2）将两侧丝巾从上缘在腹部侧面系一个小平结。

（四）特大长巾（海滩纱笼巾）

120cm×160—200cm

这类披肩在国内较不常见，因国人并无太多海滩度假的习惯，面对一条又宽又大的长方形披巾还真不知道该如何处理。欧美人士在夏季特别喜欢到海滨度假，享受炎热的阳光与清凉的海水，因此对于这样功能良好的特大纱笼巾自是趋之若鹜。这款大纱笼最普遍的用法，就是直接裹在身上当衣服穿，如此可以不必回房间换下比基尼，就能去逛街。此外也能做出一些特别造型，搭配清凉的内搭。即便不做任何造型，只当作披肩使用，白天可防晒，夜里可御寒，功能性超强。

*5* 种
造型变化

· 系颈式

· 露肩式

· 削肩式

· 单肩式

· 侧系颈式

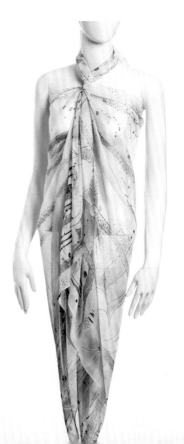

● 系颈式

**特质：**感性浪漫

**说明：**非常简单的系法，一看就会，一定不要错过这样的美丽造型。

步骤：

（1）将大丝巾横向放置背后，将两侧围绕身体经过腋下往前拉；

（2）将两侧上端交互扭绞三四回；

（3）将两侧上端向后围绕颈部，在后颈打一个平结。

达 人 密 技

这款对于丝巾的宽度要求较高，如果不够宽，正面就会缩得很短，因此最适合标准的特大纱笼巾。至于超大长丝巾虽然很长，但宽度反而较窄，做起来正面比较短，似乎没有那么理想。

● 露肩式

**特质：** 性感浪漫

**说明：** 此款对丝巾形状与尺寸要求较小，很多较宽的大长巾或特大正方巾都可以做得出来，因为完全露肩，比起第一款更加性感，有勇气展露好身材的女性，不妨一试。

步骤：

（1）将大丝巾横向放置背后，将两侧围绕身体经过腋下往前拉；

（2）试试下摆长度，如果太长，先将上缘往外折；

（3）将两侧上缘各拉出一个角，在胸前系一个平结。

---

**达人密技**

近来特大方巾越来越多，建议大家不妨试试这个造型，第一步需要先往下折10厘米左右，第二步直接在胸前用两个角来打结。但太丰满的人可能用起来有点局促，不太适合。

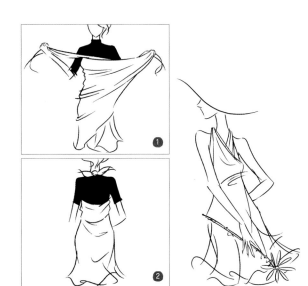

● 削肩式

**特质：**浪漫优雅

**说明：**此款比较保守，前胸包得较满，对胸部较没有自信的女性，很适合这个造型。

步骤：

（1）将大丝巾横向放置背后，将两侧围绕身体经过腋下往前拉；

（2）将两侧交叉环绕到颈后，在颈后系一个平结。

**达人密技**

此款对丝巾的长度有要求，至少要有160厘米，宽度要求较低，有些大长巾，只要长度够，宽度略窄也可以做这个造型，只是下摆会缩短而已。

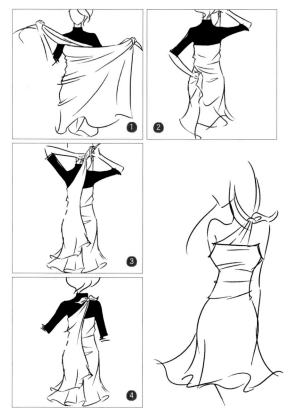

● 单肩式

**特质：**浪漫低调

**说明：**此款也是为了较保守的人们设计的，因造型的需要，只有超大长丝巾能做得出来。

**步骤：**

（1）将大丝巾横向放置背后，将两侧围绕身体经过腋下往前拉；

（2）右手抓住左角放在右肩处；

（3）左手抓住右角往左绕到背后；

（4）将此角往右上拉与右肩上的第一个角会合，系一个平结。

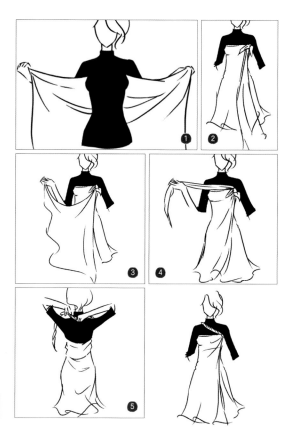

● 侧系颈式

**特质：** 艺术性感

**说明：** 这款是在好心情下玩出来的创意造型，如果能这样出现在海边度假村，保证会成为焦点，赶紧动手跟着做。

步骤：

（1）将大丝巾横向放置背后，将两侧围绕身体经过腋下往前拉；

（2）将左端的角与右边拉起的一角在左腋下系个小平结固定；

（3）将右端的角从平结下往上穿出，一直往上拉，直到整个右侧的边都快要拉出（视绕肩需要的长度决定拉出多少）；

（4）将拉出的这个边卷起，让它变细，从前方绕过右颈往左后；

（5）最后到左腋下与第一个平结相遇，再与其中一角系一个平结。

## （五）小方巾

约 50cm×50cm

小方巾的功能较少，主要是因为尺寸小，能够做出的变化自然较少。这类丝巾适合较保守的人使用，可以在装扮上增添一些点缀，但又不至于太过张扬。

6 种
造型变化

· 小平结　　　· 小半蝴蝶结

· 小纸扇蝴蝶　· 小玫瑰

· 牛仔领巾　　· 小平结发带

● 小平结

**特质：** 亲和端庄

**说明：** 此款简单大方，适合穿衬衫时做些许装饰。

步骤：

见 87 页基本结饰—平结。

● 小半蝴蝶结

**特质：**亲和可爱

**说明：**此款简单大方且略有变化，适合搭配衬衫或针织衫。

步骤：

见 89 页基本结饰—单边蝴蝶结。

步骤：

（1）在丝巾一侧先做折纸扇，左手紧握刚做好的细折；

（2）在对面一侧再做同样的折纸扇动作（另一端折纸扇
的要诀，右手拇指在围巾内侧，食指与中指在围巾
外侧，三指并用，做出细折，直到完全收拢）；

（3）将收了细折的两端握紧，环绕颈子，系个单结固定；

（4）将两端折子拉开整理好，再展开成为蝴蝶状。

● 小纸扇蝴蝶

**特质：** 亲和亮丽

**说明：** 此款颈部较细的人才能系得上，适
合不滑的面料如真丝乔其纱，最好选择素面，
此款造型有边框设计的丝巾效果更佳。

**达人密技**

此款仅适合颈部纤细的女性，颈部粗
细适中的女性可用中方巾制作相同的
款式。

步骤：

（1）将丝巾两个对角拉起，打个小平结；

（2）将小平结放在中央，另外两个角从平结下交叉穿过；

（3）将交叉后的两角向上拉，让中央的平结往下落；

（4）平结落至末端10厘米处，动作放慢，小心整理剩余部分；

（5）最后反转过来，将中央七八厘米的荷包整理成一朵花；

（6）将花朵放在颈部，以两边的角绕着颈部，在另一边系个平结，或将一角环绕颈部固定。

● 小玫瑰

特质：亲和柔美

说明：此款非常女性化，可以增添温柔气质，最好选用素面丝巾，其中双面双色真丝乔其纱材质，做出来的花型最美。

● 牛仔领巾

**特质：**轻松帅气

**说明：**此款属于帅气的款式，适合搭配衬衫，也比较具有休闲感。

步骤：

（1）将丝巾对角折成三角形；

（2）将两个锐角围绕颈部往后；

（3）在后颈打个小平结。

● 小平结发带

特质：俏丽可爱

说明：这是一款活泼可爱的造型，使用简单方便，装饰效果也很强，长发短发都适合，趁着夏天，赶紧试试。

步骤：

（1）先将小方巾对折成三角形；

（2）将三角形再对折，接着再按三等份折成带状；

（3）将发带从后面往上系，在前侧面系一个平结固定。

## （六）中方巾

80—90cm×80—90cm

中方巾在职场装扮中有很大的挥洒空间，披在肩上，然后穿上西装外套，就成为一件漂亮的内搭，而且制成内搭的方式很多元化，可以依照个人所喜欢的造型来做，可以说一条中方巾就等同于一件内搭，非常实用。此外还可以系上简单的蝴蝶结或平结，放在外套外面，非但没有闷热感，还能收到极佳的装饰效果。

**23种造型变化**

| | | |
|---|---|---|
| ·倒三角内搭 | ·系领式内搭 | ·绕颈式内搭 |
| ·戒指式内搭 | ·主播式 | ·青果领 |
| ·坠领 | ·高领 | ·三角平结 |
| ·长方平结 | ·多角平结 | ·大蝴蝶结 |
| ·大纸扇蝴蝶 | ·单肩领带式 | ·小飞侠 |
| ·包头系法明星式 | | ·包头系法经典式 |
| ·包头系法海盗式 | | ·包头系法飘逸发带 |
| ·草帽系丝巾整顶式 | | ·草帽系丝巾系带式 |
| ·包包系丝巾大蝴蝶结 | | ·包包系丝巾半蝴蝶结 |

● 倒三角内搭

**特质：**低调性感

**说明：**很简单的系法，造型带点小性感，可以搭配西装或是针织开衫，很实用。

步骤：

（1）先将大方巾对折成三角形；

（2）将直角朝下，长边朝上，从胸前向后围裹上身；

（3）在背后打一个平结。

**达人密技**

这个造型胸前有点低，比较适合在社交场合使用，由于后面有结，外套不宜太合身，否则背后会凸出。

## ● 系领式内搭

**特质：** 端庄优雅

**说明：** 这款适合大方巾，较薄的面料为佳，如花纹为有边的设计，可以在作造型时将边缘露出，制造特殊效果。这个系法有时可以单独使用，在派对上表现性感风情，也可以加上外套，就能以专业面貌出现在职场，是一个多用途的造型。

步骤：

（1）将方巾对角拉起两端，打一个小平结；

（2）将丝巾拉开套在颈部，平结放在颈后；

（3）两手分别将另外两个角拉至身体两侧，环绕到背部打一个小平结；

（4）将胸口部分丝巾整理成为系领款 V 形内搭形式。

> **达 人 密 技**
>
> 一条有边的丝巾，想露出边框，可采用这一款，想撷取中间的花色，可采用上一款，一样围巾，两样风情。

步骤：

（1）将方巾的两个对角系一个单结，两角形成的两边向外拉长约 20 厘米；

（2）单结平坦的一面朝外，将两边围绕着颈部，在颈后系一个小平结；

（3）将腰部两侧的两个角向后环绕，在背部系一个小平结固定。

● 绕颈式内搭

**特质：** 浪漫优雅

**说明：** 这款领口呈环状，略富艺术性，下摆微松，比较浪漫，很适合直接当露背装来穿，也可以搭配针织开衫。此款属于社交休闲款，较不适合出现在职场。

> **达人密技**
>
> 穿丝巾内搭时，可试试两个不同方向的对角，检视不同花色，并仔细处理围绕在颈肩的两个角，应将边收进去，避免露出。丝巾的结尽量系得小一点，避免外衣有不当的凸起。

● 戒指式内搭

**特质：**浪漫艺术

**说明：**这款用到戒指，可选择风格相称的戒指来做造型。完成后类似系领内搭，有些许性感，可以直接当作露背装外穿。此款也属于社交休闲款，较不适合出现在职场。

步骤：

（1）将方巾对角折成三角形；

（2）将重叠的两个直角一起穿入戒指中，将角拉出约 20 厘米；

（3）将两个角分开在颈间向后环绕，至颈后系一个小平结固定；

（4）将两侧的两个角向后环绕，在背部系一个小平结固定。

● 主播式

特质：专业端庄

说明：这款是最简单同时也最实用的系法，所表达的端庄形象，很适合电视主播及专业人士使用。最适合80厘米的中方巾，刚好可以包覆住西装的V区，下缘又不会露出，90厘米的如果边缘太长而露出来，可以纳入裙腰或裤腰中。不透明面料比较合适，万一有点半透明，可以在里面先穿上内衬。至于花纹与颜色，建议根据所需传递的信息来做选择。

步骤：

（1）将方巾对角折成三角形；

（2）将三角披在肩上，两侧在胸前合拢成V形；

（3）穿上外套，让丝巾从中间的V区露出。

---

**达人密技**

抽象图案的方巾，以两种不同方向对角折出来的图案是不同的，放置在肩上的面各有两个，因此一条丝巾可以表现出四种不同的花样，建议将不同方向与面都试试，便能找出最适合表达当次形象信息的花色。

● 青果领

**特质:** 正式端庄

**说明:** 此款可是上款的变化款,优点是将丝巾外翻,和主播款比稍显清凉,在夏天选择此款更合宜。此外还可以展现里面的内搭,内搭色彩应尽量与丝巾相互整合,表现完美的整体形象。

步骤:

(1)将方巾对角折成三角形;

(2)将三角披在肩上,两侧在胸前合拢成∨形;

(3)穿上西装,将丝巾从颈后开始,顺着西装领外翻,形成一个青果领。

**达 人 密 技**

此款最适合一扣款且领子较窄的西装。

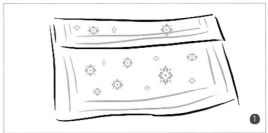

步骤：

（1）将方巾一侧向内折起约 10 厘米；

（2）将这一侧向后围绕，在后颈部打一个小平结；

（3）将相对的另一侧环绕腰围到背后，在背后打一个小平结；

（4）将胸前部位略做整理，呈垂坠形；

（5）穿上外套，让垂坠部位从 V 区露出。

 坠领

**特质：** 端庄优雅

**说明：** 此款以不透明为佳，必须选择垂感特佳的面料，做出来的造型才能蓬松流畅，自然又美观。比起前两款而言，这款造型显得较柔和，也稍微浪漫些，可以在专业形象中增添些许亲和力。

### 达 人 密 技

中方巾边长如为 80 厘米，第三步背后假使很难系上，可以用小橡皮筋将两侧绑紧。若选择 90 厘米的，第二步后颈的平结应打得大一点，前面胸口才不会太低。

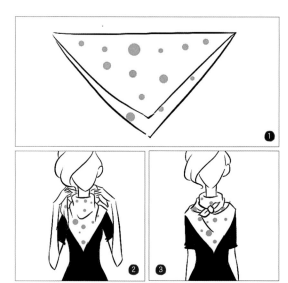

步骤：

（1）将方巾对角折成三角形；

（2）将直角朝下，两手拉着两个锐角在颈后交叉往前绕；

（3）将锐角在颈下形成的三角外侧打一个平结，将围绕颈部的丝巾与平结整理一下，呈现自然的蓬松感。

● 高领

特质：端庄保守

说明：此款需要 90 厘米见方的尺寸，丝巾的柔软度与垂坠感也很重要，太厚太硬的面料都做不出好效果。此外这个造型比较保暖，仅适合春秋冬，夏季可能会嫌热。

● 三角平结

特质：亲和端庄

说明：一款简单大方的造型，中方巾或大方巾都适用，由于是系好之后放置在衣服外面，无须担心气温，四季都可以使用，实用性极高。这个造型可以同时展现专业与亲和双重特质，装饰性佳又不过分花俏，很受职场女性欢迎。

步骤：

（1）将方巾对折成三角形；

（2）将两侧在胸部高度打一个小平结；

（3）将平结移至一侧肩部；

（4）将胸前丝巾往下方整理成为 U 形。

● 长方平结

**特质**：亲和大方

**说明**：这是三角平结的变化款，需要 90 厘米见方的方巾，做出来的造型面积更大，能够更好地展示丝巾的花色与设计。这款造型也是能够展现专业与亲和双重特质。

步骤：

（1）将方巾对折成长方形；

（2）环绕肩部，将两侧在颈下胸骨高度打一个小平结；

（3）将平结移至一侧肩部；

（4）将胸前丝巾往下方整理成为 U 形。

● 多角平结

特质：亲和抢眼

说明：这是三角平结的另一个变化款，做出来的造型面积更大，且角度更丰富，比前两款显得更加活泼。这款造型亲和力比专业度来得更强一点，也更加抢眼。

步骤：

（1）将方巾对折成长方形；

（2）将两层长方形略为错开，让两边各露出两个角，四个角都可看见；

（3）环绕肩部，将两侧在颈下胸骨高度打一个小平结；

（4）将平结移至一侧肩部；

（5）将胸前丝巾往下方整理成为 U 形。

**达人密技**

此款造型丝巾的正反两面都会露出，因此较适合两面色彩几乎一样鲜艳的丝巾，正反差异较大的丝巾做出来不太美观。

● 大蝴蝶结

**特质：** 亲和柔美

　　**说明：** 此款适合中方巾或大方巾，由于结饰需要贴近颈部，比较保暖，较适合春秋季使用。蝴蝶结较为女性化，比较适合强调亲和力的职务。


步骤：

见 88 页基本结饰—蝴蝶结。

- ● 大纸扇蝴蝶

**特质：** 亮丽抢眼

**说明：** 此款需要非常贴近颈部，且环绕颈部的部分更厚，因此只适合春秋季。这个结饰较为夸张，必须考虑场合与形象需求，适合活泼开朗的个性，或需要引人注目的场合。

步骤：

（1）在丝巾一侧先做折纸扇，左手紧握刚做好的细折；

（2）在对面一侧再做同样的折纸扇动作（另一端折纸扇的要诀，右手拇指在围巾内侧，食指与中指在围巾外侧，三指并用，做出细折，直到完全收拢）；

（3）抓紧两端的折子，将整束丝巾扭绞变细，围在颈子上；

（4）将两端系个平结固定；

（5）将两端折子拉开整理好，就展开成为蝴蝶状。

**达 人 密 技**

此款最适合有边框设计的丝巾，且丝巾不能太厚，薄款的素绉缎或双绉缎效果最好，此外由于结饰较大，较适合颈部细长的女性。

● 单肩领带式

**特质：** 正式抢眼

**说明：** 既简单又大气的造型，推荐给职场女士在需要用造型表达专业感，同时也想成为焦点时使用。

步骤：

（1）将大方巾对折成三角形，放在肩上；

（2）将两侧拉成一长一短，短的那端长度大约在胃部；

（3）将短的那端在胸口高度环绕长端一圈，打一个单结。

**达 人 密 技**

打结时长边在上，短边从下往上绕一圈，在底下系上单结固定，如此正面更美观，如丝巾面料较光滑，可在底下打个小平结，以免散开。

● 小飞侠

**特质：** 艺术抢眼

**说明：** 虽然造型特殊，但还是相当惹眼，适合喜欢表现创意的人，出席派对必然成为焦点。此款重点是面料要薄，轻软半透明的真丝雪纺或乔其纱最理想。

步骤：

（1）将方巾一角拉起形成对角线长条，围着颈部绕一圈，再以一个小结固定；

（2）让长的一端在身体侧面自然垂下，有时也可以垂在后面。

## ● 包头系法明星式

**特质：** 优雅浪漫

**说明：** 这是电影中最常见的头巾款式，明星们除了头巾外，通常还会戴上一副太阳眼镜，增加几分神秘感。此款可用中方巾或大长巾来做，前者端庄典雅，后者浪漫飘逸，各有千秋。

步骤：

（1）先将大方巾对折成三角形，直角朝后披在头上；

（2）将两侧的角在颈部交叉，绕到后颈；

（3）环绕颈部一圈后在三角形之上打一个单结在侧面固定。

---

**达 人 密 技**

长巾的做法，只需将长巾披在头上，再将两侧往前交叉，环绕到后面披着，或将其中一端多绕半圈，变成一前一后，两侧避免等长。

● 包头系法经典式

特质：优雅大方

说明：这是一款干净利落
的头巾，做出来的成品和帽子
很类似，建议稍微倾斜，显得
更活泼。

步骤：

（1）先将大方巾对折成三角形；

（2）将长边往上折起 8 至 10 厘米，直角朝后披在头上；

（3）将两侧的角往后绕，在头后面交叉，再往前环绕；

（4）整个包住头，在前面一侧眉毛上方处系小平结固定；

（5）将后面露出的三角形往上翻，塞入绕头的环带中。

● 包头系法海盗式

特质：率性艺术

说明：这款更加洒脱一些，有时还可以再戴上一顶草帽，营造出一点嘻哈（窄边中性帽子）或吉普赛女郎（宽边大草帽）的味道，艺术又抢眼。

步骤：

（1）先将大方巾对折成三角形，直角朝后披在头上；

（2）将两侧环绕头部向后拉，系上一个平结；

（3）平结可以在中间，也可以移向一侧。

● 包头系法飘逸发带

特质：浪漫柔美

说明：以大方巾做成的发带，不像前三款那么挑人，几乎所有人都可以用得好。发带可以系高一点，露出前额刘海，显得温柔贤淑；也可以包得低一点，将发际线遮住，显得时尚个性。

步骤：

（1）先将大方巾对折成三角形；
（2）将三角形再对折，接着再折成三等份；
（3）将发带系在头上，在后侧面系一个平结固定。

达人密技

作为发带的丝巾，面料不宜太光滑，否则不易固定，最好选择纱质（乔其纱、西丽纱），除非本身是卷发，卷发摩擦力较大，丝巾光滑也不致脱落。

● 草帽系丝巾整顶式

**特质：** 艺术浪漫

说明：草帽与丝巾共舞，这已经不是太新鲜的点子，但很多人到现在还无法准确掌握。给大家提供一点秘诀，首先要做到色彩整合，草帽和丝巾色彩要有相同之处；其次是帽子越简单越好，最好是单纯的素色草帽，将原来的带子拆掉，就可以好好发挥自己的创意了。

步骤：

（1）先将大方巾对折成三角形；
（2）将长边往上折起 8 至 10 厘米，直角朝后；
（3）将两侧的角往后绕，包住整个帽身，在头后面系一个大平结固定；
（4）可将结饰放在正后方或是侧后方。

> **达 人 密 技**
>
> 这款造型最棒的地方就是可以用丝巾装饰草帽，并且和当天的服装做整合，穿不同的服装时，帽子上的丝巾可随之更换，让草帽不只是可以遮阳，也能升级为重要的装饰配件。

● 草帽系丝巾系带式

**特质：**艺术大方

**说明：**原则与前款相同，只是更简单一点，草帽本身得到更多的展现。丝巾不分形状或大小，只要能圈住整个帽身后还能打结的丝巾，都可以使用。

步骤：

（1）先将方巾对折成三角形，再折成所需要的宽度（本款造型也可使用长丝巾来制作，可先将长丝巾折成合适的宽度）；

（2）将折好的丝带系在帽身底边，在后面或侧面系一个平结或蝴蝶结固定。

● 包包系丝巾大蝴蝶结

**特质：**俏丽浪漫

**说明：**与草帽系丝巾一样，包包也可以用丝巾来装饰，尤其是夏季的草编包，比皮制包更适合与丝巾共同演绎缤纷的热带风情。简单的素面草编包，是最佳素材，当然一些简单款的大皮包，也可以这么来玩，增添几分浪漫特质。各种尺寸的方巾与长巾都能用，越大显得越张扬越浪漫。

步骤：

（1）将丝巾折叠成合适的宽度；

（2）环绕在包包的提把上，系一个蝴蝶结。

● 包包系丝巾半蝴蝶结

**特质：** 浪漫俏丽

与上款非常类似，只有结饰改成半蝴蝶结，这款有一端较长，更加浪漫，同样也是大方巾与大长巾皆可。

> **达人密技**
>
> 与草帽系丝巾相同，包包系丝巾时，丝巾色彩需要同时与包包和服装都整合，才能达到最佳效果。

## （七）大方巾

110—140cm × 110—140cm

大方巾一直很受西方人喜爱，许多大品牌都有这样的产品，东方人一方面因身材娇小，一方面因个性较内敛，较少使用这么大的尺寸。比起大长巾，大方巾的变化造型更少些。

**6** 种
造型变化

· 单肩领带式放大版

· 绕颈两侧垂式

· 单披肩绕颈两侧垂式

· 三角中央小平结

· 三角单袖披肩

· 绕颈大平结

● **单肩领带式放大版**

**特质：** 浪漫抢眼

**说明：** 简单又大气的造型，由于丝巾尺寸大，显得浪漫又抢眼，娇小的女性用起来会格外张扬，也可能稍微压个子，须谨慎。

步骤：

（1）将大方巾对折成三角形，放在肩上；

（2）将两侧拉成一长一短，长端仍披在肩上，垂下的长度约在膝盖上；

（3）将短的那端往内收，呈长条状，在胸口高度环绕长端一圈，打一个单结。

**达人密技**

和中方巾做的类似款相反的是，打结时长端在下，短的这端从上方绕一圈，最后结饰在外面，短的这端在上面露出，效果较佳。

● 绕颈两侧垂式

特质：优雅大方

说明：这款和大长巾做的造型效果几乎完全相同，既简单，又有很强的修饰身材效果，能让人正面切割成五条细长窄条，非常显瘦。

步骤：

（1）将长丝巾从一角抓起，沿着对角线拉成细长条；
（2）绕颈部一圈，两侧自然垂在胸前，注意两侧避免等长。

● **单披肩绕颈两侧垂式**

特质：优雅抢眼

说明：这是上款的变化款，唯一不同的是将长边保持披在肩上，如此大幅增加了丝巾的分量，显得很艺术，但因肩部整片被丝巾花色扩大，显瘦的功能大大削弱，比较适合身材高挑的女性。

步骤：

（1）将长丝巾从一角抓起，沿着对角线拉成细长条；

（2）绕颈部一圈，两侧自然垂在胸前，注意两侧避免等长；

（3）将围巾长边展开披在肩上。

## ● 三角中央小平结

**特质：艺术浪漫**

说明：它的姊妹款是中长巾造型中应用最广的，俗称吃到饱的中央小平结，一时兴起用大方巾玩了起来，发现更为艺术化，也能很好地遮住腹部，因此戏称吃到饱2。

步骤：

（1）将大方巾对角折起，故意错开，露出两个直角；

（2）将折好的不对称三角形披在肩上，两个直角在背后，前面两侧不等长；

（3）在胸前将两侧边各抓一点布料，打一个小平结；

（4）将短的一侧全部收到肩上，长的一侧略往上收即可。

**达人密技**

由于胸前打结处的面料为双层，这款适合薄软的面料，如雪纺、乔其纱或西丽纱。

● **三角单袖披肩**

**特质：**艺术浪漫

**说明：**这是长巾单袖披肩的姊妹款，单袖最大优点便是能够固定披肩，避免滑落。试着用大方巾制作，效果也相当不错。

**步骤：**

（1）将大方巾对角折起，披在肩上，两侧不等长；

（2）短的一侧从角往上约30厘米处，将双层这一边与对面分开的两层中的外层各抓一点布料，打一个小平结；

（3）将手伸入此处做成的袖子，另一侧自然地披在肩上即可。

**达人密技**

由三角形做成的袖孔较窄，比较适合苗条的女性。

● 绕颈大平结

**特质**：优雅艺术

说明：面料柔软且不太厚的大方巾可以试试这个造型，由于在颈部绕了两圈，相当保暖，且比较适合颈部纤细的人，完成后既个性又优雅。很多大品牌都生产这类大方巾，有着修长颈子的女士不妨试试。

步骤：

（1）将大方巾对折为三角形；

（2）将直角放置在前面一侧肩部；

（3）另两个锐角开始绕颈部两圈；

（4）最后在直角的另一侧颈部系上平结；

（5）平结两侧自然垂在身体前后。

# 三、秋冬围巾的种类与系法

秋冬款围巾偏厚，形状以长方形居多，也有少数正方形的，除此之外其他形状都属少数，常用的形式可分为以下五类：

1. 大长方厚围巾　　2. 大长方薄围巾

3. 大正方围巾　　　4. 长条围巾

5. 墨西哥大披肩

## （一）大长方厚围巾

70—90cm×180—200cm

此款围巾当然以保暖为最重要目的，面料主要有羊绒、羊毛或人造的腈纶三种，前两种保暖性差不多，羊绒亲肤性最佳，质感轻柔，价格也最为昂贵，羊毛也保暖但不及羊绒舒服，至于腈纶触感还算柔软，但保暖性较差，优点是价格低廉许多，且不太会起皱，年轻人预算有限，可以选购这样的面料。

由于面料厚实，系法花样并不多，但基于强力保暖功能，住在寒冷地区的女性，都会备置几条适合自己的厚款大披肩。

**3**种
造型变化

· 绕颈前后垂式

· 侧三角围绕式

· 正三角围绕式

● 绕颈前后垂式

特质：简约大方

说明：全世界最简单也最普遍的围巾用法，几乎零技术含量，唯一应注意的是前后两侧垂下来的部分，最好不对称，也就是避免等长，看起来较活泼。

步骤：

（1）先将围巾垂挂在胸前；

（2）再将其中一侧绕过颈部，垂挂在背后；

（3）调整成为前后不等长即可。

● 侧三角围绕式

**特质：** 洒脱大方

**说明：** 这款既保暖又有型，操作起来也不复杂，是广受欢迎的款式。

步骤：

（1）先将围巾垂挂在胸前；

（2）再将其中一侧整个环绕过颈部，垂到胸前；

（3）将垂在胸前的两边中较长的一边搭到另一侧肩上，盖过短边，绕过后颈；

（4）将短边靠内侧的角塞入后颈上方的围巾内固定；

（5）完成后会在一侧肩下方形成一个三角形。

● 正三角围绕式

特质：时尚大气

说明：这些年很流行这样的款型，比上款更时尚些，最适合有流苏的围巾。

步骤：

（1）先将围巾垂挂在胸前；

（2）将其中一侧的角环绕颈部拉至另一侧肩部，并将角塞入环绕处固定，在胸前形成一个三角形；

（3）再将另一侧从前方绕过颈部，环绕颈部一整圈；

（4）最后将尾端的角塞入上方绕颈处；

（5）完成后会在胸前形成一个大三角形。

70—90cm×180—200cm

8种
造型变化

· 绕颈前后垂式　· 绕颈左右垂式

· 正三角围绕式　· 扭转后垂式

· 扭转单垂式　　· 双垂加皮带

· 单垂加皮带　　· 双色麻花

　　近年来大长方薄围巾风潮席卷全球，被统称为披肩，几乎每位女性都有几条这样的配件。其功能主要有二，第一就是御寒，并非一定要在天寒地冻下才能使用，现在很多办公大楼空调都开得过强，因此白领女性在上班时间有时会冷得受不了，此时大披肩就能派上用场，而且还兼具装饰功能，一举两得。

　　第二个功能就是搭配礼服使用，近年来大家生活日趋国际化，很多时尚活动与晚宴纷纷在各大城市盛行起来。出席这些活动，不免要穿着礼服，而搭配礼服的最佳配件就是披肩了。于是各种高档披肩开始流行，有顶级的山羊绒、极薄的丝毛混纺、加入金属纤维的闪亮披肩，或添加各种闪亮装饰品的精美手工款。当然也少不了华丽的皮草披肩，让生活中平添一股奢华情调。

● 绕颈前后垂式

**特质：** 简约大方

**说明：** 兼具保暖与装饰性，尤其是质感好的羊绒披肩，以最简约的用法，将围巾大面积呈现，展现围巾本身的美感。

步骤：

（1）抓住围巾一角将围巾沿对角线拉起，让围巾两端呈尖角造型，而不是平的；

（2）先将围巾垂挂在胸前，再将其中一侧绕过颈部，垂挂在背后，调整成为前后不等长即可。

● 绕颈左右垂式

**特质：** 优雅大方

**说明：** 这是近年来大长方薄围巾最普及的款式，简单大方，人人都能上手，唯一应注意的是两侧避免等长。

步骤：

（1）抓住围巾一角将围巾沿对角线拉起，让围巾两端呈尖角造型，而不是平的，将围巾整理成为细长条；
（2）绕颈部一圈，两侧自然垂在胸前，注意两侧避免等长。

> **达人密技**
>
> 此款在视觉上能使人变苗条，因形成的纵向长条区块，将人的宽度变窄了。

● 正三角围绕式

**特质：**时尚大气

**说明：**与厚款围巾相同，薄款也能做这款时尚造型，效果一样吸睛，一定要学起来。

步骤：

（1）先将围巾垂挂在胸前；

（2）将其中一侧的角环绕颈部拉至另一侧肩部固定，在胸前形成一个三角形；

（3）再将另一侧从前方绕过颈部，环绕颈部一整圈，尾端在肩后自然垂下；

（4）完成后会在胸前形成一个大三角形。

● 扭转后垂式

**特质：**个性抢眼

**说明：**这款造型装饰性较强，既保暖也挺有个性，适合喜欢变化的人。

步骤：

（1）抓住围巾一角将围巾沿对角线拉起，让围巾两端呈尖角造型，而不是平的；

（2）将围巾垂挂在胸前，两侧不等长；

（3）两侧在胸前做一次扭转；

（4）再将两侧往后披在肩上，并把围巾的尾端整理好放置在背后。

**达人密技**

两侧往后放置的位置最好不对称，一高一低，低的这边有部分在肩上，如此形成的造型更有变化。

● 扭转单垂式

特质：艺术抢眼

说明：是上款的变化版，效果更具艺术感。

步骤：

（1）（2）（3）参考176页大长方薄围巾—扭转后垂式；

（4）将其中一侧披在肩上，另一侧全部放在肩后。

● 双垂加皮带

**特质：** 时尚抢眼

**说明：** 将围巾与皮带组合而成的造型是近年的时尚趋势，唯一要注意的便是腰围的条件，此款只适合腰部纤细的女性，因为腰部是视觉焦点，体形较为苗条的效果较佳，因披肩裹住身体，多少会增加丰腴感，建议尽量使用薄且垂的围巾。

**步骤：**

（1）将围巾垂挂在胸前，两侧稍稍展开，整理成为不对称且下摆不规则造型；

（2）在腰间系上一条皮带即可。

---

**达人密技**

皮带色彩一定要和围巾或身上服装色彩整合，皮带的粗细和腰围粗细成反比，腰越纤细越适合选用宽的皮带，有时搭配腰封会让造型更为出彩。

● 单垂加皮带

特质：艺术抢眼

说明：这是上款的变化版，效果更为抢眼，但由于垂坠长度更长，因此更适合身高较高的女性。

步骤：

（1）将围巾垂挂在一侧肩上，前后两侧不等长，下摆避免太规则；

（2）将前片腰部展开，大约遮住身体三分之二，后片大约遮住二分之一；

（3）在腰间系上一条皮带即可。

● 双色麻花

特质：趣味创意

说明：这是一款游戏之作，以两条素色薄围巾相互扭转成松松的麻花，围绕在颈间，既可与服装色彩整合，也很能表现个人创意，喜欢凹造型的朋友不妨一试。

步骤：

（1）将两条素色薄款大围巾按麻花结的形式相互扭转；

（2）要注意的是两条围巾上下须错开，两端都形成参差的尖角形式；

（3）扭完之后将大麻花围绕颈部两圈，最后在一侧打一个单结；

（4）单结两侧分别垂在身体前后，长度不对称。

**达人密技**

如果有人帮忙固定一头，大麻花较容易完成，独立完成时起头处可用重物压住，或系在桌椅脚部。

（三）大正方围巾

110—140cm × 110—140cm

秋冬围巾除了长方形，也有正方形，功能不如长方形强大，但有时也可以换换心情，变化一下。

**4 种**
**造型变化**

· 围裹式      · 三角式
· 单侧三角加皮带
· 不对称三角披肩

● 围裹式

特质：简约大方

说明：秋季的棉麻大方巾或冬季的毛料大方巾都很适合这样的款式，既保暖又有装饰效果，由于大方巾面料不滑，不需要打结就可以自然固定，非常简单好用。

步骤：

（1）将大方巾对角折成三角形，也可以不对称，让两个角都露出；
（2）将三角披在肩上，两侧大致对称；
（3）将两侧的角依次环绕胸前放置到另一侧。

● 三角式

特质：优雅大方

说明：此款适合稍薄一点的大方巾，由于此款显得较为休闲与随性，边缘有流苏的大方巾做出来效果更佳。

步骤：

（1）将大方巾对角折成三角形；

（2）将直角朝下，抓住两个锐角向后围绕交叉到胸前；

（3）将一个锐角放在三角里面，另一个锐角自然垂下。

● 单侧三角加皮带

特质：时尚抢眼

说明：跟上时尚脚步，大正方围巾也可以与皮带一起使用，绝对抢眼，但仍须注意腰围条件，腰身纤细的女性才适合。

步骤：

（1）将围巾对角折成三角形；

（2）将直角朝外，披在一侧肩上；

（3）腰部系上一条皮带即可。

**达 人 密 技**

皮带色彩一定要和围巾或身上服装色彩整合，皮带的粗细和腰围粗细成反比，腰越纤细越适合选用宽的皮带，有时搭配腰封会让造型更为出彩。

● 不对称三角披肩

特质：浪漫抢眼

说明：许多人以为正方形无法当作披肩，其实还是有办法的，使用得当时，造型比长方形更富变化，但要选择大尺寸正方巾（边长 130cm 以上）效果较佳。

步骤：

（1）将大方巾对角折成三角形，必须不对称，让两个直角都露出来；

（2）将三角形披在肩上，两侧不等长，此时背后两个直角也会呈不对称造型；

（3）可将其中一侧往下放，略微露肩，更显妖媚。

长条围巾指的是各种不同材质的长形围巾，较常见的是冬季的毛线编织，偶尔也有春秋使用的棉麻质与经过皱褶处理的丝质，以及其他材质的长巾。

*5* 种
造型变化

· 单结　　　　　· 双环单结

· 单套结　　　　· 冬季恋歌结

· 麻花结

● 单结

特质：简约大方

说明：适合较短较厚的围巾。

步骤：

见 86 页基本结饰—单结。

● 双环单结

特质：简约大方

说明：适合较长的围巾，或需要更保暖的时候使用。

步骤：

（1）将围巾在颈部绕两圈，将尾端打一个单结；

（2）可将单结放在前面或侧面，视服装需求决定单结的位置。

● 单套结

特质：简约大方

说明：十分保暖，用法也
特别简单，但太厚或太短的围
巾不适用。

步骤：

（1）将长围巾对折，两边不等长，围绕在脖子上；

（2）将两侧从环中穿过去，收紧；

（3）可将形成的套结放在前面或侧面，位置视服装需求而决定；

（4）放置侧面时，两个尾端一前一后较佳。

● 冬季恋歌结

特质：时尚大方

说明：是单套结的变化版，适合素面围巾，有花纹的围巾做出的造型凸显不出结饰的效果。

步骤：

（1）将长围巾对折，两边不等长，围绕在脖子上；

（2）将一侧的一个尾端从左至右穿过另一侧的环；

（3）将另一个尾端从右至左（与前动作相反方向）；

（4）将中间形成的卍字形整理一下即可；

（5）也可以将结饰放在侧面，两个尾端一前一后。

● 麻花结

特质：率性艺术

说明：适合较厚的丝巾，棉麻或较厚的丝面料。素面的效果较明显，渐变色的效果特别好。

步骤：

（1）将丝巾挂在颈间，打一个单结；

（2）将结扭转至颈后，并将两侧尾端拉至胸前；

（3）将两侧扭绞做成麻花卷；

（4）最后再将两侧尾端打一个单结。

达人密技

穿衬衫或 T 恤都很适合这个款饰，可将麻花放置在胸前，或一侧肩膀，甚至放在背面，有点搞怪，也很可爱。

## （五）墨西哥大披肩

● 墨西哥披肩式

特质：洒脱艺术

说明：自成一派的特殊造型，其实这是墨西哥传统服饰，但时尚界偶尔会借鉴而形成风潮，近几年很流行，既保暖又有型，个性型女性不妨备上几条。

步骤：

（1）将大披肩的凹洞或切口放置在颈后，两侧顺着往前披下；

（2）将其中一侧往后披在另一侧肩上即可。

> **达人密技**
>
> 此款最忌讳直接披在身上，两侧还对称，看起来毫无洒脱帅气感，完全失去应有的味道，因此这关键性的一侧后披动作至为重要。

# 四、特殊款围巾系法

除了我们日常使用的丝巾、围巾之外，其实还有许多特殊材质与设计款围巾，种类繁多，无法一一列举，在此选出几种一般人都可能用到的宴会款、近年来流行的皱褶丝巾以及加上扣子的设计款，供大家参考。

## （一）宴会款

● 标准披肩式

特质：优雅经典

说明：任何披肩都适用，将披肩作为装饰用，这款是最标准的造型，显得既高贵又优雅。

步骤：

（1）将披肩披在肩上，右侧较短；

（2）将左侧往下拉，露出左肩；

（3）左手须控制左边垂下的部分；

（4）左手可以拿个宴会小包，顺便很自然地控制住披肩；

（5）右侧也可以用别针、胸针、胸花或夹式耳环来固定。

---

**达人密技**

这个造型看似简单，但披肩在肩上经常会滑动，建议初学者先在家多练习，将晚宴披肩、晚礼服及礼服鞋与包全部穿戴上，多活动一下，感受披肩在身上的不确定性，练好了再出场，才能自信满满。

---

● 蓬松披肩式

特质：优雅浪漫

说明：适合面料蓬松的披肩，轻松地围裹在身上就很出色了，适合较正式的场合。

步骤：

（1）将披肩围裹在肩上；

（2）两侧避免等长；

（3）避免拉得过紧，保持披肩的蓬松度才显效果。

达人密技

此款比上一款更不容易掌握，因披肩会不断移动，且行动间披间自然移动才能让这款造型显得生动浪漫，算是一个进阶款，仅推荐给惯用披肩的人采用。

● 单肩披肩式

特质：优雅抢眼

说明：尺寸较小的宴会披肩，也可以披在一侧肩膀上，强调美丽的肩颈线条，适合搭配露肩或削肩的礼服。这个造型适合身高够高，且肩膀较宽较平的人，造型效果很有模特或明星风范，适合出席正式场合。

步骤：

（1）将披肩前后垂挂在一侧肩上；

（2）注意前后两侧，避免等长；

（3）也可以在肩上以胸针或胸花固定。

● 大蓬结

特质：亮丽柔美

说明：适合面料蓬松硬挺的大丝巾，属于夸张的款式，在派对中一定能吸引众人目光。此款仅适合颈子够长的人，并且配合向上梳发型或利落短发，才能表现出最佳效果。

步骤：

（1）将丝巾环绕在颈部；

（2）系一个平结或蝴蝶结，将结饰移至一侧。

● 大牡丹

特质：抢眼浪漫

说明：适合面料蓬松且长度
够长的大披肩，是非常张扬的款
式，适合出席宴会。对颈子长度
有一定要求，且发型最好向上挽
起才能表现出最佳效果。

步骤：

（1）从大披肩任一长边中央开始折纸扇，一直连续做到短边；

（2）以短边末端的角将纸扇固定；

（3）将纸扇向四周充分拉开，整理成一朵花；

（4）将花朵放在肩上固定住。

## （二）皱褶款

● 皱褶三角领巾

**特质：** 文艺洒脱

**说明：** 适合中小型皱褶丝巾（约45cm×90cm），只要逆向思考，屏除传统方式，将皱褶横向拉扯，便能创造出趣味十足的立体造型，十分抢眼。

步骤：

（1）将皱褶丝巾从与折纹垂直的方向对折，对角可以不完全合拢，略微错开露出两个角；

（2）将对折成的三角形披在肩上，在颈部打一个平结；

（3）将平结移至一侧即可。

---

**达人密技**

皱褶丝巾很多人都不知该如何使用，只是直接将丝巾理顺，变成细长条，系上小平结，这样就糟蹋了这个特殊设计。皱褶丝巾一定要逆着纹理拉，将它展开，才能表现它的丰富感。

● 皱褶单袖披肩

特质：文艺浪漫

说明：许多大型皱褶围巾（约 70cm×145cm）的尺寸都有些尴尬，直接当作披肩使用时嫌短，最佳解决方案便是做此造型，立即解决了长度问题。

步骤：

（1）将长丝巾横向对折成为窄长方形；

（2）将一侧末端两个角系上小平结；

（3）一只手穿入做好的这个袖孔中，另一侧随意披在肩上。

● 皱褶削肩长内搭

特质：创意个性

说明：这个造型充满艺术感与浪漫情调，用皱褶丝巾效果特别好，一般长丝巾做起来味道差一点，除非有明显皱纹的真丝顺纾乔。

步骤：

（1）用手拉起短边两角，向后绕颈；

（2）在后颈部位以小平结固定；

（3）双手抓住丝巾两侧置于胯部的高度；

（4）向后围绕，略微提高，在低腰处的背后以小平结固定；

（5）外面加上一件开衫或马甲。

**达人密技**

开衫或马甲色彩需与丝巾色彩整合，丝巾内要先穿一件抹胸款内搭，假使穿的是背心式内搭，也可在颈部做多层次造型，此时内搭色彩也必须和丝巾做整合。

● 皱褶包扣内搭披肩

特质：时尚艺术

说明：既时尚又艺术的款型，参考 99 页小长巾—内搭包扣式与 123 页大长巾—包扣披肩，是以上两款的综合版，一半在外套之内，一半在外套之外，饶富趣味。

## （三）带扣款

　　围巾经过设计，加上了扣子，在使用时便多出许多变化，喜欢玩创意的朋友不妨选购此类围巾，趁机发挥自己的创意。

带扣双面缎披肩（大尺寸）

带扣双面缎披肩（大尺寸）

带扣双面缎披肩（小尺寸）

带扣双面缎披肩（小尺寸）

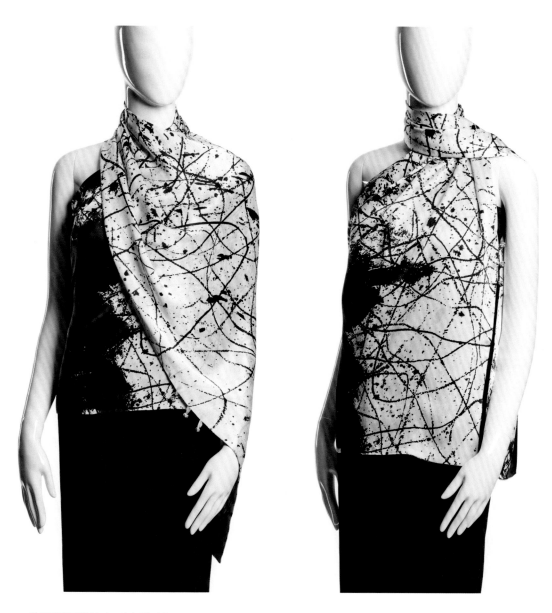

带扣双面缎披肩（小尺寸）

带扣羊绒披肩

# 五、男士围巾的种类与系法

近年来由于休闲风盛行，男士穿着也随之越来越放松，时尚感个性化也不再是女性的专利，讲究一点的男士开始搜集各式配件，围巾当然也不例外。

男士围巾色彩与款式的选择原则，与女性围巾的选择原则大致相同。先说色彩。首先要符合场合与形象的需求，深色严谨，浅色亲和，艳色抢眼，浊色低调，这是基本概念；其次要适合自己的肤色，尤其男士不化妆，比女士更需仰赖正确色彩来衬托好气色；最后，整体色彩的整合仍是出彩与否的关键，围巾颜色务必与身上服装或其他配件某部分相同，才能达到上下呼应的效果。

再说款式。比起女性的款式，男士围巾款式相对少了很多，繁复的造型更不合适，往往越简约越潇洒。以下介绍几款男士围巾造型。

## （一）小方巾

约50cm×50cm

小方巾算是爱美男士的必备，建议选择棉质、莫代尔与较厚的哑光丝质如斜纹绸。太闪亮的素绉缎或太薄的缎条绉和双绉缎，感觉上都有些不够阳刚。棉质与莫代尔适合休闲场合选用，斜纹绸适合商务休闲场合选用。须提醒大家的是：小方巾不太适合脖子过粗或过短的人，会使缺点更加凸显。

● 牛仔式

特质：率性洒脱

推荐材质：棉质、斜纹绸

说明：这是最普遍的男士围巾系法，几乎人人皆知，从小看好莱坞西部电影就经常见到牛仔们这样戴，只不过牛仔们的系法较松，现在流行的方式是比较服帖。

步骤：

（1）将小方巾对角折成三角形；

（2）直角朝下，两手将两个锐角从前面环绕颈围一圈；

（3）在后颈部位打一个平结固定；

（4）用衬衫领子遮住平结；

（5）前面的三角形部分纳入衬衫前襟内；

（6）衬衫宜打开上两颗扣子，露出丝巾。

● 细卷红领巾

特质：帅气休闲

推荐材质：棉质、斜纹绸

说明：这款造型更加时尚，可以搭配衬衫或 T 恤，效果相当不错。

步骤：

（1）将小方巾对折成三角形；

（2）沿对角线将三角形折成细长条；

（3）将长条扭成细卷围在颈部（以下4-7 为红领巾系法）；

（4）在前方将两侧交叉；

（5）下面那侧往上绕过上面那侧；

（6）自颈部 Y 字上方往下穿过刚刚形成的圈，拉出，抽紧；

（7）调整至适当的长度即可。

**达人密技**

如有薄款素色小方巾，可用两条不同色彩的方巾，先扭成麻花，再以红领巾系法或平结固定，当然这款仅适合从事创意与表演行业的个性型男士使用，否则会显得过于花哨。

# （二）小长巾

---

35—45cm × 160—170cm

---

● 两侧垂挂式

特质：经典大方

推荐材质：素绉缎、斜纹绸

说明：这是儒雅男士最喜欢的款式，简单大方，没有刻意感，重点就在围巾本身的色彩、质感与花纹，男士经常使用素色或不太明显的提花与小型图案，当然个性风男士可以挑选画作或抽象图纹等艺术性图案。

步骤：

（1）将长丝巾挂在颈部；

（2）避免两侧等长。

● 单结内置式

**特质：**大方优雅

**推荐材质：**素绉缎、斜纹绸

**说明：**此款也是男士最常用的款式之一，近来商务休闲风盛行，在除去领带的同时，将丝巾放入衬衫内取而代之，已经成为讲究男士的必备。

步骤：

（1）将小长丝巾围绕颈部，两侧垂下；

（2）在颈下打一个单结；

（3）将垂下的两侧置入衬衫内。

● 双绕单结内置式

特质：大方个性

推荐材质：素绉缎、斜纹绸

说明：此款为上款的变化款，用于秋冬气候较寒冷时，因多绕了一圈，比较有层次感，显得较为休闲，可以搭配轻便版商务休闲服。

步骤：

（1）将小长丝巾围绕颈部两圈，两侧垂下；

（2）在颈下打一个单结；

（3）将垂下的两侧置入衬衫内。

## （三）大长方薄围巾  70—90cm×180—200cm

不让女性专美于前，讲究一点的男士也开始佩戴薄款羊绒围巾，既为了保暖也为了提升美感，当然在花色的选择上，还是会考虑性别感，较为阳刚的素色、条纹与格纹较常见，但个性风男士仍可选择艺术性较强的设计款。

● 绕颈左右双垂

特质：简约大气

说明：与女性同款，这是最简单大方的造型了。

步骤：

（1）将围巾绕颈部两圈；

（2）两侧垂落在身体前方。

● 多圈绕颈单结

特质：大方个性

说明：这明显是保暖款，豪迈地在颈间缠绕几圈，不要太过整齐，保持微乱，反而显得更有型。

步骤：

（1）将围巾缠绕在颈部，圈数视围巾长度而定；

（2）最后将两侧系一个单结，可将结移到侧面。

## （四）窄长方厚围巾 / 长方针织围巾

　　这是传统男士保暖围巾，窄长条梭织或针织，即便不是为了装饰，只是为了保暖，一般男士都值得拥有几条这样的围巾。

● 单结

　　特质：简约大方

　　说明：最简单不出错的造型，多半置于外套内，可以保暖且稍作点缀。

步骤：

见 86 页基本结饰—单结。

● 双环单结

特质：简约大方

说明：更加保暖的造型，只比上款多绕一圈，其他效果皆同。

步骤：

参考 186 页长条围巾—双环单结。

● 单套结

特质：简约大方

说明：这也是被列入初级班必备的简单造型，
只要将结饰放在侧面，即可提升时尚度。

步骤：

参考 187 页长条围巾—单套结。

● 冬季恋歌结

特质：时尚大方

说明：这是上款的变化版，当年因裴勇俊在韩剧《冬季恋歌》中佩戴此款而引起广泛关注，已经是一款很普遍的造型。

步骤：

参考 188 页长条围巾—冬季恋歌结。

● 麻花结

特质：率性艺术

说明：个性风男士会喜欢的一款造型，休闲又时尚，针织毛线或较厚的棉麻围巾都很适合这款。

步骤：

参考 189 页长条围巾—麻花结。

# （五）大长方厚围巾

70—90cm×180—200cm

　　讲究一点的男士假使不满足于传统的长条形围巾，便会升级到这个款式，又大又厚的羊绒大围巾在冬天既保暖又显高档，得到不少男士的青睐。

● 前后双垂式

特质：简约大气

说明：直接将围巾从后到前围住，整个围巾的设计与质感尽显无遗。

步骤：

参考169页大长方厚围巾一绕颈前后垂式。

● 绕颈左右双垂

特质：简约个性

说明：寒冬才会用到的超级保暖款，更显个性。

步骤：

（1）将围巾绕颈部两圈；

（2）围巾两侧垂落在身体前方。

● 三角式

特质：时尚大方

说明：时尚男士喜欢的款式，既保暖又有型。

步骤：

参考 171 页大长方厚围巾—
正三角围绕式。

# 第 四 章

# 围巾选购与保养

围巾在所有服饰当中，最不受时尚趋势影响，一块布用了一辈子还是一块布，没有所谓款式过时的顾虑，即便身材改变，围巾仍可以一直用下去。只要保养得当，一条质量精良的围巾能陪伴我们二三十年，因此，就性价比而言，择优而购才是最划算。

# 一、围巾的选购

　　基于配饰虽小但却为视觉焦点的概念，我向来主张在配饰的预算上尽可能宽裕，如果经济条件受限，宁可降低服装价格，也不建议佩戴便宜的配饰，精美抢眼的配饰通常能大幅提升整体形象，甚至让人忽略了服装。

　　围巾在所有服饰当中，最不受时尚趋势影响，一块布用了一辈子还是一块布，没有所谓款式过时的顾虑，即便身材改变，围巾仍可以一直用下去。只要保养得当，一条质量精良的围巾能陪伴我们二三十年，因此，就性价比而言，择优而购才是最划算。尤其女性过了中年，身份地位日渐提高，出入场合也趋向高档，围巾品位也必须随之提升。

　　从 2008 年迁居北京至今，我的个人丝巾收藏持续增添，这里真是个丝巾天堂，除了苏州与杭州这些蚕丝的主要产地，各大城市的商场与专卖店，都有各式围巾贩卖。然而还是有很多朋友在问，哪里才能找到好丝巾。

　　大致说来，眼界高且预算充裕的人，大多是职场管理层或夫人级别，最好到大商场或丝巾专卖店，有品牌与质量的双重保证，还有销售人员指导，通常能买到适合自己的好东西。预算有限但时间较多的人，以年轻白领或学生为主，可以上网去淘，但谨记一分钱一分货的道理，想要物美价又廉，很不容易，通常价格是保证质量的重要参考。只有极少数眼光独到的资深丝巾爱好者，才能到批发市场或小店去淘，也许真能淘到宝。

此外，这些年形象顾问工作室或美学会所在各地如雨后春笋般蓬勃发展起来，在形象顾问的指导下选购适合自己的围巾是最有保障的。受过专业训练的顾问，先针对顾客做一对一的系统化形象咨询，包括色彩、风格、身材与角色及场合需求等，再将适合的围巾推荐给顾客，并且还必须对围巾系法与搭配做进一步指导，经过这样的程序，保证能找到自己的最佳款式，不再造成闲置与浪费。

至于丝巾价格为何差异如此之大，主要受几个因素影响。

第一，当然是品牌，国际精品的广告宣传加上精致设计与工艺，使得价格无限升高；其他一些有品牌的丝巾，因具备一定的品牌精神价值与质量保证，价格自然也较高；许多没有品牌的丝巾，多是直接抄袭国际大厂的款式，成本低自然价格低，但这些产品缺乏质量管控，购买时，只能凭自己的经验来判断。

第二，是面料。面料厚、工艺复杂、用丝量大的，成本会自然提高。另外，印染和用色的复杂程度也会影响价格，套色越多成本越高。一条设计精美的高档丝巾，有时候会套上二十几种颜色，当然要比普通丝巾耗费更多成本。

以下列出主要的几种选购丝巾的渠道：

## 国际大品牌

几乎所有国际精品服装品牌，或多或少都会出产一些丝巾，与自家的服装配件一起在店中销售。其中最知名的应该就属爱马仕了，爱马仕每年都推出若干新款丝巾，设计出自名家之手，精美讲究自不在话下，有人甚至买回去用画框裱起来，当作艺术品挂在墙上欣赏。爱马仕的丝巾面料是一种重磅真丝斜纹绸，手感舒服又结实，可经久使用而不变形。但它面料上的这一优点同时也是一个缺点，正是因为厚实，因此垂度不甚理想，有些造型做不出来，尤其是较浪漫的系法，都因为不够垂坠或结饰过大，让效果打了折扣。当然对爱马仕迷们而言，瑕不掩瑜，只要简单地做一些基本造型，能充分展现丝巾本身的设计就行了。

以下列出目前在大都市商场中常见到的专柜品牌：

· Marja Kurki（玛丽亚·古琦）芬兰品牌

· V. Fraas（维.弗拉士）德国品牌

· Marc Rozier（马克·罗茜）法国品牌

· AURORA（奥罗拉）日本品牌

对于喜欢购买国际品牌的朋友，我有几点建议。首先，是避免选择 logo 太大太明显的款式，因国人国际化的程度越来越高，对奢侈品牌的欣赏角度也在快速改变，低调奢华才是所谓的好品位，越早远离大 logo，就越能证明自己品位超群。其次，是某些名牌主打款特别容易被大量仿制，只要抽空上购物网站去搜索，多翻几页，大概就可以知道哪些款式已经泛滥成灾，千万避免买到这些丝巾，否则数千元的真品被当成百元的山寨货，显不出应有的档次与身价，也只能暗自喊冤。

当然也有人愿意花十分之一的价格，享受国际精品的设计，于是上小店或网站特地去找这些所谓外贸原单或 A 货，这也无伤大雅，纯粹是个人价值观的差异。但仍提醒大家，价格太低的丝巾大概不可能是所谓的高仿，质量可能会大打折扣，糟蹋了好设计，因此价格还是得在合理范围内。

### 商场专柜

很多百货商场都有丝巾专柜。有一年，我在日本旅游时偶然遇见——整个商场一个楼面约有一半的范围都是丝巾专卖区，各种厚薄、尺寸、形状、花色与面料，应有尽有，是我见过最壮观的丝巾专柜。走进这样的地方，丝巾迷们可能就真的出不来了。

在台湾和大陆的商场里，我经常见到一种将丝巾与帽子、伞、手套、手帕、袜子等各式配件组合在一起的专柜，这样的专柜规模当然与日本商场所见到的差距甚大，但也聊胜于无。台湾的这种丝巾专柜品项虽然不算多，但也有不少优质的进口货在其中，唯一的问题就是价格不菲。但经过多年观察发现，这类商品总会在进口一两年后开始降价销售，有时折扣可以到达五折甚至三折。建议大家每次逛街都去丝巾专柜逛逛，只要看到折扣就赶紧出手，丝巾几乎没有过时的顾虑，一条好丝巾用多久都不过时。

大陆还有一些专门的丝巾品牌，也在商场设专柜，商品花色繁多，质量也很不错，一些比较有经济实力的女性，会经常购买这类产品。

### 围巾专卖店

围巾专卖店在女人们善于用围巾的国家很普遍，欧洲就是如此。中国目前也开始有这样的地方了，早期在香港机场发现这样的店，围巾种类不少，但质量上略嫌良莠不齐。

近年在一二线城市都能见到这类围巾专卖店，其中有些是非常讲究商品研发的品牌，也有些专卖店规模较小，还看不太出产品定位与风格。以下是我整理出的两家较大的围巾专卖店：

WOO 妩

　　中国原创的围巾品牌，早期店内装潢采用现代中国风，高雅宜人，近年来改走奢华路线，旗舰店都开在高档商场，金碧辉煌，产品质量依旧不错，只不过风格越来越华丽，装饰性越来越强，相信仍有固定支持者。

玖章吉

　　在本书序中，我特别提到的中国本土设计师原创品牌，所有商品都是由负责人葛洪明先生亲自设计，主要有两大系列，一是"艺术家系列"，将画作或书法作品经过设计以围巾的方式呈现，有别于以往大多画作围巾直接将整幅画打印出来，这里的画作围巾都经过二度创作，加入了设计师的构思，更为出彩。二是设计师的原创作品，采用中国元素，再加入现代西方设计概念，款款都是杰作。其中以每年春节发布的"生肖系列"尤为经典，许多粉丝都争相收藏。

### 国内服装品牌专卖店

近年来国内服装品牌风起云涌，一日千里，除了服装之外，还致力于发展全系列商品，从鞋子、皮包、饰品到丝巾等各式配件一应俱全，是希望顾客进门之后，全身上下都能一次购齐。在这些专卖店或专柜中，也常常能发现丝巾的身影，其中不乏量少且设计精美的逸品，大家在逛街买衣服之余，也不要错过这些在角落里对你默默招手的好东西。

### 批发市场

在有"中国丝绸之乡"之称的杭州苏州，或是北京上海这样的大都市里，能找到很多围巾批发点，而号称"全国最大的小商品集散地"的义乌，更有着为数众多的各式围巾批发店。有些批发店同时也对一般消费者开放，于是有人盘算着，是不是也能到批发店去捡捡便宜呢？

围巾批发店的特色是品项非常多，价格大致比一般围巾店便宜，但问题是有些面料标示不明，不熟悉面料的人，可能自以为占到便宜，但实际上一分钱一分货，价格太低的，不是做工粗糙，就可能是在面料上有假，号称蚕丝的说不定是涤纶或黏纤仿的，贴着 Pashmina 标签的也许就是腈纶，因此对于面料不十分熟悉的人，在批发店有可能会上当。

但这类型的店有时会有一些稀有商品，比如说设计很特殊的出口尾单，或是仅此一件的样品，内行人有时候可以淘到物超所值的孤品或逸品。有一些专业造型师也经常到这样的地方淘货，不仅物美价廉还不容易跟别人撞巾，更重要的是淘货的过程悬疑又刺激，淘到好货后的成就感爆棚，着实吸引了不少人。

精品小店

这类服饰小店麻雀虽小五脏俱全，小店主人的眼力也能替我们把关，因此淘到好货的比例比批发店更高。店主有时候也去批发店进货，只要他的眼力够好，就能替我们省掉很多麻烦。

部分店家还会有一些进口货，多半是买手自国外带进来的，这样的商品虽然价格高一点，但量少是最大优点，喜欢拥有特殊设计款服饰的人，不妨时时去小店逛逛。

博物馆美术馆

近年来各大博物馆与美术馆都有许多设计精美的商品出售，以往这类纪念品多半是些装饰性的小东西，但现在一股艺术品商业化的潮流吹得正热，美丽的艺术画作不仅仅是印在了 T 恤上，有些更被做成了围巾。

这类艺术品围巾的材质都很高级，制作精美，因此价格不菲，但穿戴起来，比起其他丝巾更显气质，而且还有一定的收藏价值，或至少表现了对艺术的支持，很多艺术爱好者都趋之若鹜。

### 网络商店

网络商店什么都卖，自然也少不了围巾这一项。围巾在网络上售卖，如果能将照片拍得够好够清晰，放大到细节都能显示，并且将服装配件等整体造型都做好，加上美丽模特的衬托，吸引力是足够的。

且围巾不像服装鞋子，没有合体与否的问题，只要尺寸标明清楚，几乎不会出错。当然网购服饰类商品，共同的顾虑就是摸不到，材质无法通过手来感受。此时又要启动价格审核机制了，价格太低的不可能有真正的好东西，类似的材质应该可以比实体店来得低一些，但过低就只能降低质量了。因此在网络上买围巾，应该有正确的期待与判断，才能买得划算又开心。

# 二、围巾的保养

　　一条好围巾可以陪伴我们几十年，但前提是必须好好保养，以下要针对收纳与洗涤等来谈谈如何保养我们的围巾。

## （一）收纳

　　围巾买回来后，就得替它们找个好的家。很多人会将围巾折叠起来，放在抽屉里。我个人不太赞成这样的收纳，因为围巾多半是天然材质，折叠后再层层叠放，很容易产生折痕，到了要使用时，每一次都得熨烫，很麻烦。而且如果在抽屉中收纳多条围巾，要用时不好找，每次都会将抽屉翻得很乱，还得花很多时间不停地折围巾。

　　比较理想的方式是将会皱的围巾挂在衣架上，不怕皱的才放在抽屉中。通常可以将薄质的围巾与披肩分门别类地悬挂，围巾多的还可以再按形状大小或色彩来分类，要用时比较容易找出来。

　　衣架材质很重要，千万不要用铁丝衣架，可以选择材质比较厚的塑料衣架，这样围巾比较不容易产生折痕。也有人建议用保鲜膜或铝箔纸里的纸卷筒，以铁丝衣架穿过，做成圆筒式的挂架。这样的手工可能得费点事，而且得花一些时间搜集这些卷筒，但做出来的圆筒挂架既环保又好用，喜欢 DIY 的人不妨试试。

　此外，我还见过一种圆圈式的软质围巾架，以圆圈排列成矩阵，一条围巾放入一个圆圈里，圆圈直径大约十几厘米，因此围巾必须折叠成细条。这个设计很有创意，可以看到一条条围巾，比较容易找到，但如果是易皱的材质，在这样的架子上，会产生比较多的折皱，无法保持平整。建议使用这样的围巾架来存放不怕皱的围巾，或一些异材质的设计款。

　这些年经常外出做服饰搭配讲座，为了方便携带，我都是将围巾折叠整齐放入大纸盒里。后来带出门的围巾越来越多，纸盒也就越换越大，发现丝巾放在纸盒里不太容易皱，用的时候也很好找。于是现在我的薄款围巾都是收纳在几个大纸盒里，只有大型围巾或披肩才挂在衣橱里。

　出门旅行时，可以选用较扁的纸盒，将几条围巾折好放入。如果家中刚好有纸质圆筒，如网球或羽毛球筒盒，也可以将丝巾卷起来放进去。至于披肩可以放在丝袋中，一方面保护，一方面也可以减少折皱。如果没有丝袋，用塑料袋也可以。

　当然不论如何小心，围巾还是难免会皱，围巾爱好者一定要在家中准备一台立式蒸汽熨斗，任何材质的围巾或披肩，只要在穿戴前，花一分钟用蒸汽一蒸，立即平整光滑。

　如果只有传统电熨斗，用蒸汽模式比较理想，温度也必须小心调整至适合的设定，最好能用一条手帕隔着来烫，以免伤及娇贵的面料。

旅行时如果什么熨斗都没有，可以在沐浴之后，将围巾吊挂在浴室，浴室的蒸汽余温对于消除布料上的皱纹还是相当有效的。当然讲究一点的人，也许会随身备上一个迷你手持蒸汽熨斗，那就永绝后患了。

# （二）洗涤

围巾的清洗很重要，一定要按照正确方法来做，才不会将围巾损毁了。一般说来，桑蚕丝巾与羊绒尽量用干洗，因为这种纤维遇水可能会缩水，或者是褪色。

棉质应该是最容易处理的，水洗没什么问题，比较结实的面料，甚至可以用洗衣机来洗，但一定要放在洗衣袋里，才不至于拉扯变形。麻质有些也可以用水洗，但麻质不如棉质结实，必须用水手洗才行。黏胶纤维中有些也很娇贵，必须干洗。总之依照着洗标来妥善处理，就万无一失了。

### 1. 真丝洗涤的特别说明

（1）真丝与人体皮肤一样呈微酸性，不宜用碱性洗涤剂如洗衣粉、洗衣皂、肥皂等洗涤，最好用清水或加少量中性洗涤剂（推荐使用专用丝绸洗涤剂或者可临时用洗发水代替），并切忌与其他衣服混洗。

（2）尽可能手洗，冷水洗涤，先将水和洗涤剂搅匀后方可放入衣物，衣物在水中浸泡时间不超过 5 分钟，用手轻轻搓洗、漂清，不可拧干、甩干，悬挂阴干，待七成干时用手抚平，或整烫平整即可。

## 洗标释义一览表

| 水洗标识 | | 干洗标识 | |
|---|---|---|---|
| 〔60〕 | 可使用洗衣机洗涤，水温需控制在 60℃以内 | ⓅP | 可干洗，请使用过氯乙烯或工业用石油溶剂 |
| 〔30〕 | 可使用洗衣机弱水洗涤，水温需控制在 30℃以内 | ⒻF | 可干洗，请使用工业用石油溶剂 |
| 〔30〕 | 可使用洗衣机弱水洗涤，请使用中性洗剂，水温需控制在 30℃以内 | ⊗ | 不可干洗 |
| 〔手洗〕 | 手洗，水温需控制在 30℃以内 | △ | 可使用氯漂白剂 |
| ⊠ | 禁止水洗 | ⊠ | 不可使用氯漂白剂 |

| 熨烫标识 | | 晾干标识 | |
|---|---|---|---|
| ⌁• | 低温熨烫，温度保持在 40℃至 120℃之间 | ⋈ | 请用手轻轻扭干或者短时间脱水 |
| ⌁•• | 中温熨烫，温度保持在 120℃至 160℃之间 | ⋈ | 不可扭干 |
| ⌁••• | 高温熨烫，温度保持在 180℃至 210℃之间 | 〔丨〕 | 避免阳光直射，请置于阴凉处吊挂晾干 |
| ⌁ | 请垫布熨烫 | 〔一〕 | 平放晾干 |
| ⊠ | 不可熨烫 | 〔一〕 | 避免阳光直射，请置于阴凉处平放晾干 |

### 2. 羊绒围巾洗涤的特别说明

（1）使用 35 ℃左右的温水；

（2）以冷洗精或婴儿洗发精浸泡 15 分钟，轻轻揉几下，不可用力搓洗；

（3）不能以卷麻花方式拧干水分，应该以平摊挤压的方式；

（4）再用干毛巾充分将水分吸去；

（5）最后平摊在晾衣网上待自然干，绝不可用衣架吊挂，否则会变形。

# （三）保养

### 1. 保养总则

（1）不能在阳光下曝晒；

（2）熨烫温度控制在 130—140℃为宜，最好垫上衬布；

（3）选取防虫剂最好选用薰衣草、樟木等植物防虫，不要选用樟脑丸等化学药剂，不要把真丝围巾放置于塑料袋等不透气的包装中。

### 2. 去除标签

丝巾买回来后，在第一次使用之前，必须将丝巾上的标签去掉。丝巾标签的缝合有两种，一种是以针线稀疏地缝几针将标签固定在丝巾边缘，这种缝合方式很容易去除，只要用拆线刀或是小剪刀将缝合的线剪断即可。但另一种是以机器车缝在丝巾边缘，并且与丝巾收边紧密连结，这种标签要去除就得费点工夫了。首先要用小剪刀尽量沿着边缘将标签剪掉，但这样仍无法将标签去除干净，此时必须用针很仔细地将剩余的标签纤维慢慢挑掉，虽然很费劲，但耐心做下来，还是可以完全去除的。

### 3. 定时休整

丝巾在使用过后，最好能得到休息，就像衣服一样。纤维需要休息才能恢复原来的状态，因此衣服最好不要连续穿，应该要穿一天休息一天，这样衣服才不容易变形。丝巾也是如此，即便保暖遮阳用的百搭丝巾，也至少要有两条替换。回家后将丝巾悬挂在通风处，如果是打了结的，一定要将结拆开，才不会破坏了纤维弹性，形成永久性痕迹。

### 4. 避免勾纱

在使用围巾时，如果不小心，很容易造成勾纱，这样就可惜了。要如何避免勾纱呢？

首先在买围巾时，先观察一下面料，越是紧实的面料越不容易勾纱。比如说披肩的织法，有些是较松散看得见经纬线的，有些是织出细密菱格纹的，后者比较结实，不容易勾纱，如果你是一个比较粗心的人，最好选购这样的面料。此外还有一个心得分享，有花纹图案的围巾即便勾纱，也比素面的不容易看出来，因此粗心的人最好选择花围巾。

其次，就是降低围巾勾纱的可能性。身上服装最好不要有太多突出的部分，扣子因为圆润问题不大，而亮片这类装饰边缘颇有杀伤力，最好避免。皮带皮包有时也会勾伤围巾，最好使用金属部分较少且拉链较少的款式。

再次，就是注意身上佩戴的饰品了，注意饰品是否有较尖锐的凸起物。

最后，要避免对围巾造成伤害，动作必须斯文一点。速度放慢且幅度缩小了，自然不会造成太多刮擦碰撞。希望这些小小提醒不至于降低了大家享受围巾的兴致，说真的，以我多年来使用围巾的经验，真正勾纱的情况还是极少出现的。

## 特别感谢

感谢玖章吉创始人葛洪明先生为本书的创作提供了各式各样的美丽丝巾和披肩，为本书增色不少。

本书照片均由维恩视觉王维老师拍摄，特此感谢。

图书在版编目（CIP）数据

围所欲围：升级版 / 李昀著 . -- 桂林：漓江出版社，2019.4
ISBN 978-7-5407-8655-7

Ⅰ . ①围… Ⅱ . ①李… Ⅲ . ①女性－围巾－服饰美学　Ⅳ . ① TS941.722

中国版本图书馆 CIP 数据核字 (2019) 第 017678 号

## 围所欲围：升级版
WEISUOYUWEI: SHENGJI BAN

作　　者　李　昀

出 版 人　刘迪才
出 品 人　符红霞
策划编辑　符红霞
责任编辑　王成成
装帧设计　PAGE.11
　　　　　QQ:779513274
责任校对　赵卫平
责任监印　周　萍

出版发行　漓江出版社有限公司
社　　址　广西桂林市南环路 22 号
邮　　编　541002
发行电话　010-85893190  0773-2583322
传　　真　010-85890870-814  0773-2582200
邮购热线　0773-2583322
电子信箱　ljcbs@163.com
网　　址　http://www.lijiangbook.com

印　　制　三河市中晟雅豪印务有限公司
开　　本　720×980  1/20
印　　张　12.5
字　　数　120 千字
版　　次　2019 年 4 月第 1 版
印　　次　2019 年 4 月第 1 次印刷
书　　号　ISBN 978-7-5407-8655-7
定　　价　58.00 元

★ 好 书 推 荐 ★

**《女人 30+——**
**30+ 女人的心灵能量（珍藏版）》**
金韵蓉 / 著

畅销 20 万册的女性心灵经典。
献给 20 岁：对年龄的恐惧会变成憧憬。
献给 30 岁：于迷茫中找到美丽的方向。

**《女人 40+——**
**40+ 女人的心灵能量（珍藏版）》**
金韵蓉 / 著

畅销 10 万册的女性心灵经典。
不吓唬自己，不如临大敌，
不对号入座，不坐以待毙。

**《时尚简史（珍藏版）》**
[ 法 ] 多米尼克 · 古维烈 / 著 治棋 / 译

法国流行趋势研究专家精彩"爆料"。
一本有趣的时尚传记，一本关于审美
潮流与女性独立的回顾与思考之书。

**《优雅是一种选择（珍藏版）》**
徐俐 / 著

《中国新闻》资深主播的人生随笔。
一种可触的美好，一种诗意的栖息。

**《像爱奢侈品一样爱自己（珍藏版）》**
徐巍 / 著

时尚女主编写给女孩的心灵硫酸。
与冯唐、蔡康永、张德芬、廖一梅、
张艾嘉等深度对话，分享爱情观、人生观！

**《点亮巴黎的女人们（珍藏版）》**
[ 澳 ] 露辛达 · 霍德夫斯 / 著 祁怡玮 / 译

她们活在几百年前，也活在当下。
走近她们，在非凡的自由、
爱与欢愉中点亮自己。

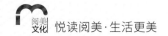

★ 好 书 推 荐 ★

《中国淑女（珍藏版）》
靳羽西 / 著

时尚领袖言传身教、倾力指导，
迅速提升你的女性魅力。

《中国绅士（珍藏版）》
靳羽西 / 著

完美展现男性的风度与气场，
时尚大师带你迈向成功人生。

《点亮生活的 99 个灵感》
靳羽西／著

给你 99 个智慧生活建议，
点亮你的精彩生活。

《玉见：我的古玉收藏日记》
唐秋／著　石剑／摄影

享受一段与玉结缘的悦读时光，
遇见一种温润如玉的美好人生。

《与茶说》
半枝半影／著

茶入世情间，一壶得真趣。
这是一本关于茶的小书，
也是茶与中国人的对话。

《茶修》
王琼／著

借茶修为，以茶养德。
中国茶里的修行之道，
已有超过百万人获益。

# ★ 好 书 推 荐 ★

**《我减掉了五十斤——心理咨询师亲身实践的心理减肥法》**
**徐徐／著**

让灵魂丰满，让身体轻盈，
一本重塑自我的成长之书。

**《管孩子不如懂孩子——心理咨询师的育儿笔记》**
**徐徐／著**

平凡妈带平凡娃的幸福样本，
构建亲密温暖的母子关系，
用正确的爱，让孩子活出最好的自己。

**《有绿植的家居生活》**
**[日] 主妇之友／编著　刘建民／译**

学会与绿植共度美好人生，
每一天都是满满的幸福感。

**《我们的无印良品生活》**
**[日] 主妇之友／编著　张峻／译**

点亮收纳灵感，
让家成为你想要的样子。